地域建筑图说

Pictorial Handbooks of
Regional Architecture

沙溪民居

Shaxi Vernacular Buildings

饶小军　主编

王浩锋　肖靖　黄印武　罗薇　编著

中国建筑工业出版社

U0162984

图书在版编目（CIP）数据

沙溪民居 = Shaxi Vernacular Buildings / 王浩锋
等编著. —北京：中国建筑工业出版社，2021.10
（地域建筑图说 / 饶小军主编）
ISBN 978-7-112-26209-0

Ⅰ.①沙… Ⅱ.①王… Ⅲ.①民居—云南—图集
Ⅳ.①TU241.5-64

中国版本图书馆CIP数据核字（2021）第121002号

责任编辑：易　娜
责任校对：赵　菲

地域建筑图说
Pictorial Handbooks of Regional Architecture
沙溪民居
Shaxi Vernacular Buildings
饶小军　主编
王浩锋　肖靖　黄印武　罗薇　编著

*

中国建筑工业出版社出版、发行（北京海淀三里河路9号）

各地新华书店、建筑书店经销

北京锋尚制版有限公司制版

北京中科印刷有限公司印刷

*

开本：880毫米×1230毫米　1/32　印张：6½　字数：205千字
2021年6月第一版　　2021年6月第一次印刷
定价：**45.00**元
ISBN 978-7-112-26209-0
（37589）

丛书序言
Preface

1

地域建筑作为独特而复杂的建筑现象，因时空所带来的差异化而构成了某种难以言说的历史语境。这使得建筑学科的历史研究面临着某种尴尬的局面：一方面作为广域分布的历史文化遗址和现象，地域建筑由于生态地理和人文格局的不同而造成空间分化与隔离，很难套用统一的知识范式和解释体系，归纳出诸如类型、起源、规律、结构等宏大的叙事逻辑，它们或许本就不存在高深的内在关联，独立、片段、偶然的个案呈现才是其天然属性；另一方面，地域建筑的物质实体虽然看得见摸得着，然而在时间的经久磨损中，它所承载的丰富的历史信息已然消失殆尽，或只残留些许片段的史料档案。

19世纪实证主义方法论所导向的中国建筑历史研究，通过实物与文献相互印证，以还原所谓历史真相为要旨，完成了正统官式建筑的叙事体系；但对于更宽泛的地域建筑和民居形态来说，相应佐证资料的缺乏迫使其游离于正统学术之外，所谓的实证研究仅限于表面的形态记录和资料整理，难以深入到内部去建构本体的知识框架，给世人留下封闭而沉默的背影。20世纪新兴的学科理论和方法在面对这些沉默的研究对象时，亦无法破解其中奥秘的法门，常常显得束手无策，难以言说。

事情也许要回到一些基本的层面来加以设问：面对相对封闭的地域建筑现象，当代学科的历史研究如何另辟蹊径？研究主体与客观对象的关系应如何定夺？我们如何看待还原历史真实性的本质？我们赖以测绘和记录建筑的制图方法、正统建筑的营造"法式"与地方工匠经验之间会呈现何种关系？

众所周知，近代意义上的建筑学是西方文艺复兴之后才形成的。职业建筑师的出现，伴随着手工生产工具转向机械工具，暗示了建筑师与工匠的分道扬镳，建筑的营造活动逐渐脱离了匠人原本无需图纸的现场制作与口授经验，传统的手艺技能逐渐与作坊工匠的身体相分离，建筑学制图法几乎成为营造活动的"代言人"，外化成某种概念性的知识体系和技术手段；18世纪由笛卡尔（Rene' Descartes）所建构的科学与理性的空间观念抛弃了人的身体及其个体经验，建筑转向单纯的象征性空间表征与再现。依据黑格尔（G. W. F. Hegel）的说法，这是客体性（objectivity）与主体性（subjectivity）之间的分离。进一步说，当近代西方建筑学语境传入中国，面对文化上有着巨大差异、地域性如此广泛复杂的中国传统建筑时，这种知识在结构上的内在矛盾性就转化为当下中国问题研究的现实障碍，即现代知识体系与传统营造经验之间构成了不对称的二元对立情形：一方是理论著作连篇累牍地构成庞大的知识体系；另一方则沉默寡言地固守着一堆无法破解的实物档案，无法凭借简单的理论标签和貌似科学的技术手段来加以言说。

然而，时至今日，我们也许已无法完全脱离西方知识体系和专业语境来孤立地讨论中国传统地域建筑，而有可能在某种特定的情形下，尝试基于当代建构理论所构筑的概念分析框架来重构中国传统地域建筑的历史知识，用现代的理性图解方法去破解和"还原"传统工匠的原初经验和地域的场所精神，将其转译成当代建筑图式语汇和解释体系，使之纳入今天的学科研究语境中。

2

基于上述的思考，也许有必要来重新审视一下建筑学最基本的建筑制图和分析工具，探讨与地域的建筑实体及空间聚落之间的关系。实际上，建筑制图作为一种分析工具，以往注重记录和表达的双重属性，而今则更加强调主体在运用制图工具时所体现的主观能动性。这一点可以从英语中的cartography与mapping的区别中加以分辨：cartography是一个专业术语，一般译为制图法，特指绘刻和记录；而mapping则广泛应用在英语的日常用语中，其后缀ing包含了一种"现场测量和后期绘制"的内涵，是一种"知识建构的过程"，指向一个主体认知过程中所欲表达的内涵。恰如赫伯特·里德（Herbert Read）所言，"我们观看我们所学会观看的，而观看只是一种习惯，一种程式，一切可见事物的部分选择，而且是对事物的偏颇的概括"。在建筑制图实践中，制图是作为开拓思路和能力、从思维的惯性中解放潜能的手段。技术性的工作超越了单纯的实用性与工具性，成为引发感知体验、价值判断的行为，并直接影响了最终的设计创作。

建筑测绘作为一种重要的记录手段和分析工具，既是对单体建筑的测量与记录，也包含对地形与场所的量测和分析，更可以扩展出对建筑所处的人文地理和社会形态的表达。由此，它便有了两个基本目标：一是通过测绘还原和再现传统工匠的个体经验和单体的建造过程，二是"以建筑的表象作为基础去追求建筑的知识，通过场所的表象而非类型或类别，揭示场所本身"[莫拉莱斯（Ignasi de Solà-Morales Rubió）]——即揭示场地和聚落的内在空间生成逻辑。

传统地域建筑作为一个物质性的实体档案和经验读本，有可能在测绘记录的过程中不断地被解读，同时又不断地被重写。由此，测绘与制图的过程就不仅仅是一种客观而全面的事实记录，更是一种主观的概念抽取和指向明确的表达，即测绘在客观地重新建构历史真实的过程中，将其扩展到人文地理学、人类学、社会学乃至心理学的范畴，使其成为建筑师认知空间与社会关系的心智地图。测绘图作为对人类历史文化的记述载体，既承载了对过去的认知，也明晰出对未来的规划。正如詹姆斯·康纳（James Corner）所说，"还原制图的行为，回到探索、发现和实现的过程，恢复地图与场地潜能之间千丝万缕的联系，将制图的内容从实物和形式转向各种地域的、政治的、心理的社会过程，可以有助于让建筑师有效地介入空间和认知社会发展过程。一种诠释和建构生活空间的特殊工具，在标准化程序之外进行创造和想象的活动。"通过这种调用身体参与的经验考古，它不仅揭示了隐藏不见的事物，还在原本分离的事物间建立起新的意义关联。它一方面是发现和陈列，另一方面构建出一系列有待于进一步完全实现的复杂知识关系。

3

本丛书共分三册：《沙溪民居》《喜洲民居》《澳门巴洛克教堂》。丛书的编写是以深圳大学建筑与城市规划学院建筑历史与遗产中心近年来所从事的建筑学本科测绘实习和研究生教学活动为基础，可以理解为是对地域建筑的一种"图解式实践"。师生不仅要深入到山乡聚落中进行实地的测绘调研，更希望通过测绘、制图和建模的过程，模拟传统建筑的建造过程和再现空间的视觉体验。虽然三个"个案"所处的地域和文化背景各不相同，但作为一种现象和背景，其中建筑的表象不仅是物质的也是精神的，不仅是照实描述或复制，更要结合空间的体验揭示其独特个性。从教学和研究的视角来说，编写者的意图是将传统建筑测绘表达寻求向两个方向的突破：一是向内突破，强调对单体建筑的客观的记录与转译，从中提取某些"建构"的类型与要素，包括对材料、构造、结构和建造等进行研究，强调对建筑本体建造经验的诠释；二是向外突破，将地域建筑纳入更广泛的人文地理和社会经济等大的背景当中，通过对民居聚落总体空间组织的句法分析，诠释其空间所具有的内在的社会组织和生成逻辑，即场所之精神所在。

分册的编写思路主要由图集和论文两个部分所组成。图集包括了单体建筑测绘和图法解析，辅以现场场景图片；而论文则是对以上图法呈现的扩展性研究和专题性解说。《沙溪民居》和《喜洲民居》重点考察了茶马古道遗产廊道沿线上两个典型的民居群落，概述了古镇民居形成的历史背景和其中典型建筑的建筑特征。其中几个专题性的章节如"沙溪传统木结构的榫卯逻辑""大理民居建筑木构架特征探析""大理喜洲传统民居营造技术演变初探"等，从地方建筑的营造工艺和建构类型入手，解析大理白族民居的营造技术特点、地域分布和历史变迁的谱系；而"白族传统聚落的空间结构及其类型分析"则尝试从空间句法的理论视角揭示喜洲街巷空间的结构性特征和历史脉络。《澳门巴洛克教堂》以澳门世界文化遗产历史城区两座教堂为例，解析了巴洛克教堂的艺术特征，并对数字化技术与传统手段相结合的历史建筑测绘方法和制图工具进行了详细的论述。

最后，企盼丛书能够成为既有学术品质又具有普及性特点的书库。希望读者能够凭借"地域建筑图说"系列丛书的阅读，深入感受和了解中国地方建筑文化的独特魅力。同时编者也希望能从学科的理论建构角度，为当下地域建筑历史研究建立某种批判性的视野和诠释语境。谨为序。

饶小军

2021年3月20日于南山

目录
Contents

第一章

沙溪坝子

沙溪镇位于云南大理白族自治州剑川县西南部，地处金沙江、澜沧江、怒江三江并流世界自然遗产区老君山片区东南端，东接洱源县牛街乡，南接洱源县乔后镇，西接剑川县弥沙乡，北接剑川县甸南镇，距离大理古城和丽江古城的路程大致相等。

沙溪坝子四面环山，地势北高南低，平均海拔约2100米，最低点为南端的米子坪村，海拔1973米；最高点为坝子最东端的三棵桩村，海拔3150米。坝子东西横距约28千米，南北纵距约35千米，总面积将近290平方千米。在流域上，沙溪坝子属于金龙河——黑潓江水系南部，发源于北部剑湖的黑潓江由北向南流经整个坝子，境内气候温和，土地肥沃，居民以白族为主，汉、彝、傈僳族等不同民族的人群世代在此居住，孕育了境内十多个大大小小的村落，是滇西北著名的鱼米之乡和歌舞之乡。

地理的阻隔并不意味着交流的缺失。横断山脉河谷平坝间的聚落能够发展起来甚至走向繁荣，得益于一种特殊的交通运输方式——马帮的发展。自唐宋茶马互市以来，直到20世纪中叶，马帮始终是横断山脉地区最重要的运输方式。他们穿梭于崇山峻岭之间，将散布在广袤山谷平坝间的聚落串联起来，形成了一个规模庞大的民间商贸网络。

图 1-1 四方街

图3-2 2002年沙溪地区卫星图像全貌

沙溪是这个商贸网络上一个重要的节点。这都得益于沙溪得天独厚的地理环境。除了联系南北交通之外，沙溪所在地区盐矿丰富，历史上曾有拉鸡井、诺邓井、弥沙井、乔后井等众多盐井。食盐作为生活必需品，无疑是极其重要的资源，对于内陆山区尤其如此，也一直是封建社会最重要的税源和专卖品之一，以至于官府在所有通往盐井的山路上专门设置了关卡，专课盐税。周遭的众多盐井中，乔后井距离沙溪不过20千米，往来非常方便。沙溪西南的弥沙井由于所处坝子地势逼仄，不便于贸易集会，不得不将食盐运到邻近的沙溪坝子来交易，甚至较远的诺邓井也通过弥沙将食盐运至沙溪交易。盐业的兴盛为沙溪带来了滚滚的财源。

同时，沙溪坝子的海拔不高，气候相对温和，澜沧江水系的黑潓江流经整个坝子，为当地提供了充足的水源。适宜的气候加上丰沛的水源为沙溪带来了丰富的物产，使其成为滇西著名的三大产米乡之一。《徐霞客游记》曾记载沙溪"所出米谷甚盛，剑川州皆来取足焉"。富足的物产和便利的交通促进了商贸交易，也为马帮补充给养提供了便利的条件。沙溪自然而然地成为茶马古道上的一个重要驿站和贸易集散地。

商贸交易行为促进了相对闭塞的地区文化之间的交流和融合。历经数百年的发展，沙溪也逐渐成为一个以白族为主，汉、彝、傈僳族共居的居住地，多民族、多文化和多宗教信仰的和谐共存，极好地诠释了地域性文化的特色和内涵。经济的相对落后和交通不便使沙溪大量的历史文化遗产得以保存下来。沙溪寺登街于2002年被"世界纪念性建筑基金会"列入100处濒危建筑遗产目录，同年被列为云南省历史文化名镇，2007年6月入选我国第三批历史文化名镇。

图 1-3　黑㵘江

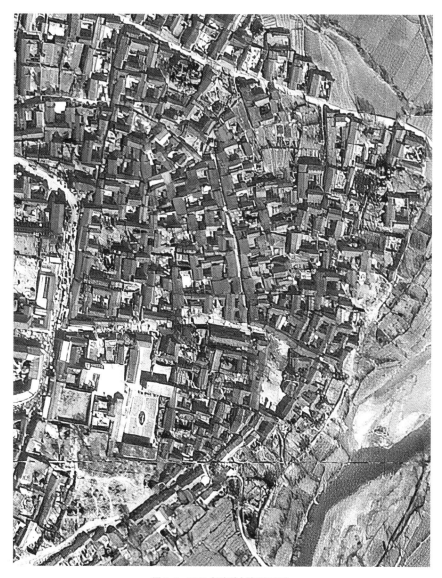

图 1-4　2002 年沙溪古镇卫星影像

图 1-5　2019 年沙溪古镇航拍影像

图 1-6　魁阁带戏台正门全貌图

第二章

Chapter 2

古镇与四方街

沙溪古镇建于沙溪坝子北部一处被称为鳌峰山的小山丘东坡，东边以黑
潓江为界。整个村子坐西朝东，背山面水，不但符合风水格局，也暗含
了白族紫气东来的寓意。

滇西北一带村镇的中心通常都有一处被称为四方街的空场，用于马帮的
停留、交易和集市。沙溪古镇的中心也有一个四方街。与其他村镇不同
的是，沙溪古镇四方街的形成不是因为马帮，而是因为一个寺庙——兴
教寺。

当地人称沙溪古镇为寺登街，"寺"即是兴教寺，"登"是白族话中的"地
方"的意思，"街"则是当地对集市的一种习惯叫法。顾名思义，寺登街
即是兴教寺那里的集市之意，后来寺登街索性成了兴教寺所在村子的代
称。地名暗示了沙溪四方街的起源。兴教寺的大门上方挂有一块"一溪名
胜"的匾额。"一溪"指黑潓江，代指沙溪，"名胜"则是指兴教寺，由此
可见兴教寺在沙溪坝子的地位。

图 2-1　东巷望四方街

图 2-2　沙溪古镇一层总平面图

图 2-3　沙溪古镇二层总平面图

沙溪民居

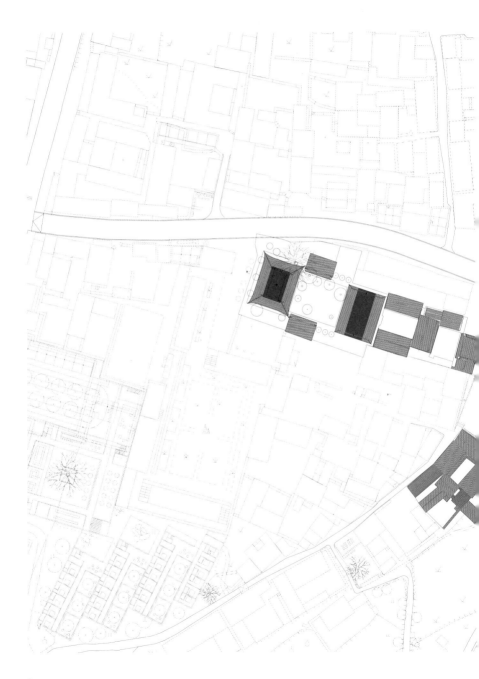

图 2-4 沙溪古镇三层总平面图

沙溪民居

据沙溪知名的文史学家杨延福先生考证，明代之前，沙溪坝子的集市位于今天古镇以南。明朝初年，兴教寺落成。寺庙坐西朝东，背靠鳌峰山，面朝黑潓江，场地开阔。历史上的兴教寺显赫一时，香火兴旺。坝子内佛教徒众多，通常会借着赶集的机会来庙里拜佛。久而久之，集市索性搬到了寺庙门前的空地上，赶集、拜佛两不误。蓬勃发展的商贸交易让寺登街日益繁荣兴旺，四方街周边遍布了商号和马店，设施日渐完备，初步形成了今天的规模。

沙溪古镇的四方街南北长约60米，东西宽约20米，街面由产自当地丹霞地貌的红砂岩铺就，完成于光绪三十年（1904年）。广场西边矗立着兴教寺，一路三进的院落格局沿着山丘地势层层展开。与兴教寺同在一条轴线上、相向而立的是一组造型独特的建筑——魁阁带戏台。魁阁带戏台建于清代，高4层、12.2米，是古镇的制高点，又因突入到四方街之中而成为古镇的视觉中心。

魁阁带戏台建成后，两侧陆续建起了若干店铺，构成了魁阁两翼。到了清末，一位洱源商人买下了四方街北面的一块地，建了一处院子，兼作马店，成为现今四方街老马店的前身。随着贸易的繁荣，四方街周边又增添了一些店铺和马店，最终形成了一个完整的围合空间。

早期的四方街只有东、南、北三个方向的道路，主要道路为南、北方向的两条道路，走

图 2-5　东巷街景

图2-6 南古宗巷与南寨门

向与沙溪坝子一致，是往来的藏族马帮的必经之路。因白族人称藏族人为"古宗子"，因此南、北两条巷子得名为南、北古宗巷。其中，北古宗巷略长一些，源于南北往来的马帮中来自剑川方向的居多，带动了村子向北面的发展，吸引了更多的商铺沿着街巷延伸。东边的巷子名为"东巷"，从四方街通向黑潓江，长度较短。四方街西面的街道也被称为"东巷"，此处原为陡坎，不便出入。平甸线公路建成后打通了此处，便于村子对外联系。20世纪80年代，此处街道又得到了拓宽，铺设了红砂岩路面，此后便作为进出古镇的主要通路。

一个很奇怪的现象是北古宗巷并没有直接连到四方街上，而是需要经过东巷才能转到那里。黄印武在他的《在沙溪阅读时间》一书中为我们解释了这一疑惑。根据他的记载，2004年秋天，沙溪复兴工程的基础设施施工正在进行地下管线的铺设，工人们挖开东巷路面后，惊奇地发现东巷与北古宗巷路口到四方街入口一段的地面下竟然铺着一层完好的红砂岩，材料及铺设方式与四方街的铺地如出一辙。据此推测，东巷与北古宗巷口才是当年四方街的西边界，当时四方街平面应该是曲尺形，广场西北角的二层砖房并未兴建，兴教寺的北墙即为广场的边界。由此可见，当时的北古宗巷是直接通向四方街的，并不需要多拐一个弯。沙溪复兴工程施工完成的时候，这些红砂岩条石铺地被刻意保留下来，成为历史的见证。

图 2-7　魁阁带戏台西南侧鸟瞰图

图 2-8　魁阁带戏台西南侧人视角图

图 2-9　四方街及魁阁带戏台北侧厢房

第三章

Chapter 3

兴教寺

兴教寺始建于明永乐十三年（1415年），是我国目前保存规模最大、最典型、最有代表性的佛教密宗"阿吒力"寺院。

兴教寺占地面积约6200平方米，寺庙的总平面布局和空间组合形式采用了云南白族地区典型的坊院式民居格局，在东西向中轴线上依次坐落着山门（门楼）、观音殿、天王殿、大雄宝殿，依次构成三个院落，地面标高逐步提升，院落空间也渐次扩大。2006年5月被列为全国第六批重点文物保护单位。兴教寺是滇藏线茶马古道上幸存古集市的代表性建筑群，是马帮文化、佛教密宗"阿吒力"文化、白族原始宗教文化、儒家文化等不同文化的汇聚点和熔炉。

据《故世守鹤庆知府高候行状墓碑》

图 3-1　兴教寺山门

记载，该寺由鹤庆知府高兴发动剑川
10家土官兴建。自明代以来，兴教
寺经历多次修复及重建。寺庙原山门
和僧房已毁，现存的天王殿和大雄宝
殿为明代遗构，但式样和形制却早于
同时期的中原木构，细节做法带有明
显的地方特点，斗栱、雀替等木构件
多雕刻卷草纹样，线条粗犷流畅。

兴教寺周边存合抱之古槐、古黄连木
数株，大门口一左、一右分列着哼哈
二将，怒目圆睁，护卫着寺庙的大
门。山门外有一对石狮，石狮身上有
圆形小孔，据说以前小孔里插有红色
木杠，上面安放有一盏可防风雨的油
灯，由寺登村民轮流值守，每天一户。

进山门，是寺庙的外院，院中有一颗
高大的古槐树。与山门相对的原是
观音楼，与山门一起毁于民国10年
（1921年）匪乱的一场大火，取而代
之的是一座二层木结构建筑，下层当
心间开敞，作为过厅使用。

民国初年，兴教寺部分房屋被用作校
舍。当地解放后，学校规模扩大，大
雄宝殿被改为礼堂使用，其他的建筑
也多被用于教室和教师宿舍。天王殿
曾经被改作粮仓，后又作为乡政府的
办公场所使用，至20世纪90年代中
期，乡政府和学校陆续搬离兴教寺。

图 3-2 兴教寺航拍摄影像

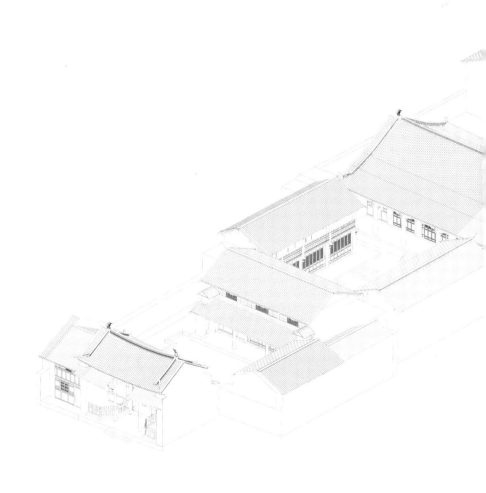

图 3-3　兴教寺整体轴测图

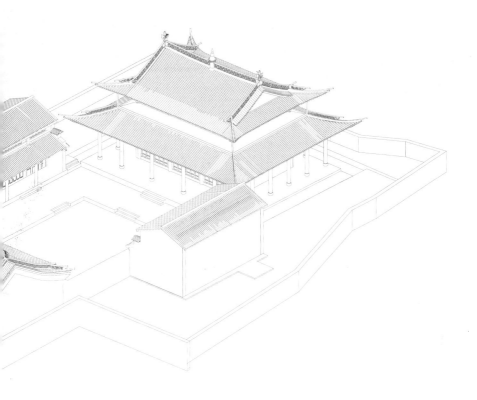

兴教寺的山门是一座经过全新设计的木构建筑，2003年之前原位置是新中国成立后作为政府办公用地时修建的办公楼。历史上的山门几经重建，最后一次是光绪十六年（1890年）所建，可惜毁于1921年的那场大火。据说大门形式与剑川其他寺庙大门一般，为一高两低牌楼式。根据黄印武的回忆，2003年沙溪复兴工程进行到兴教寺山门的时候，新的大门设计兼顾了当地人要求的寺院建筑特质和瑞士专家坚持的四方街整体性优先的原则。新设计保持了现有建筑的柱位、高度和体量，将建筑由二层调整为通高的一层，在大的屋面下增加了两个次间的小披檐：一方面暗示了原来一高两低的牌楼式形象，另一方面通过立面划分与周边民居的尺度相协调。

兴教寺的天王殿又称"二殿"，抬梁式木结构，单檐悬山五脊顶。天王殿占地面积约310平方米，南北方向面阔19米，五开间，东西方向进深16.5米，也分为五间；明间与次间皆六柱一排，内外槽柱与金柱为列。两梢间左、右列山柱，每列11根，柱与柱间用5道穿坊及缘袱互联，柱脚施地袱，计殿柱46个，每间皆13架梁。其梁柱尺寸壮硕，气势稳健，之间相连的斗栱浑厚大方，整体给人以古朴之美。

大雄宝殿俗称"万佛殿"，又称"大殿"，位于天王殿之后，面阔五间18米，进深四间14.5米。占地约210平方米。用地规模虽然比天王殿略小，但形制却更高，为重檐歇山顶，抬梁式木结构。大殿的建筑结构形式为副阶周匝，下檐五间为四面回廊式，内外两圈的副阶檐柱共20根。各柱头以栏相连，额上施普柏枋，枋上架下檐斗栱，四面共计斗栱46朵，栱眼位置用3道叠枋相连，上刻如意纹图案，枋中心施一齐心斗。大殿梁柱肥硕，雄浑凝重，斗栱浑厚大方，12根立柱微微倾斜，中间用两架过梁、穿枋支撑屋顶，重量被合理地分解到了斗栱和四周立柱上，中间未施一根柱子，形成开阔的室内空间。

---

1. 图 3-4 兴教寺山门点云图
2. 图 3-5 兴教寺山门

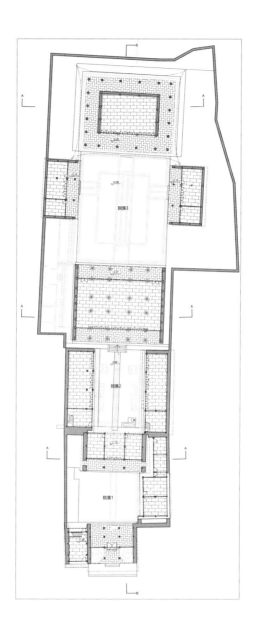

1. 图 3-6　兴教寺一层平面图
2. 图 3-7　兴教寺二进院落
3. 图 3-8　兴教寺观音殿正门

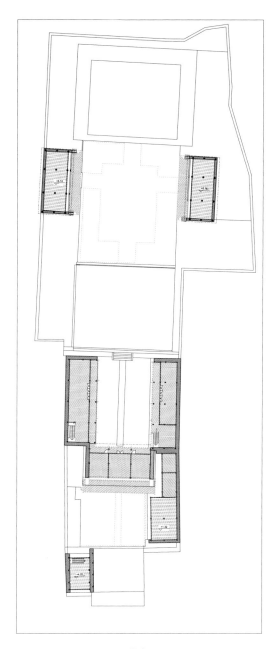

图 3-9 兴教寺二层平面图

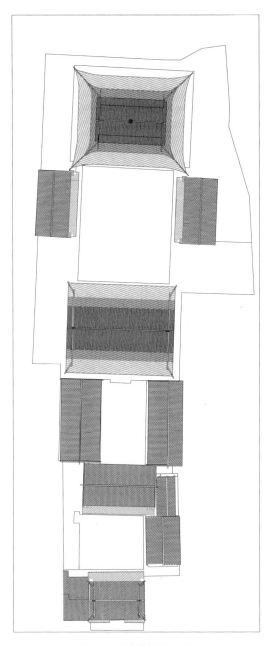

图 3-10 兴教寺屋顶平面图

大雄宝殿檐下的内外殿壁尚存绘于明代的壁画16幅，其中殿内6幅，殿外10幅。壁画为沙溪甸头禾白族画家张宝于明永乐十五年（1417年）所绘，是云南最早的佛教密宗壁画，承《南诏中兴画卷》和《张胜温画卷》等名画之遗风。这些壁画的内容题材广泛，人物众多，造型生动，形象逼真，线条流畅，色彩绚丽，局部沥粉贴金；融佛教故事与世俗生活为一体；既有唐宋遗风的雍容大度之美，又具浓郁的地方民族特色，充分反映了历史上大理白族与中原文化交流的密切。外廊正面为《南无降魔释迦如来会》，背面为五方佛及阿难、迦叶，侧面是佛母图。店内两侧壁画多被石灰覆盖，内容多为护法、佛母之类。

据说明末清初，二殿内先后塑起了数尊神像，明间两尊，为文昌、关羽这两位"文武二帝"，他们之间是孔子牌位，左右两侧分别为左关平、右周仓；南次间供奉金甲神，北次间供奉财神。清道光二十九年（1849年），剑川州官何焕经到兴教寺见此场景后，题下"广兴三教"匾额悬于大殿檐下。随后又有沙溪的贡生赵钟写下"皆古圣人"一匾，挂于二

图 3-11　天王殿门廊

图 3-12　大雄宝殿屋顶细部构造

殿明间。民国初年，沙溪人又塑了韦陀、迦蓝等佛教人物像，供奉于二殿的背面。众神聚会充分体现了沙溪的宗教信仰及文化的多元性和交汇性特征。

大雄宝殿内供奉着2010年重塑的五方五智佛像，由北至南依次为东方"阿閦佛"、南方"宝生佛"、中央"毗卢遮那佛"、北方"不空成就佛"、西方"阿弥陀佛"。

图 3-13 兴教寺剖面点云图
（依次为整体剖面、天王殿正立面、天王殿侧立面、大雄宝殿正立面）

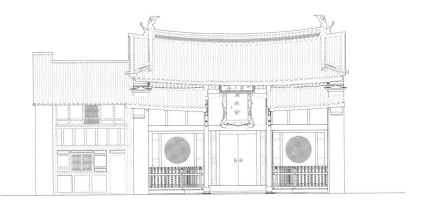

1 | 2   1. 图 3-14   兴教寺山门立面图
3   2. 图 3-15   兴教寺山门剖面图
           3. 图 3-16   兴教寺山门照片

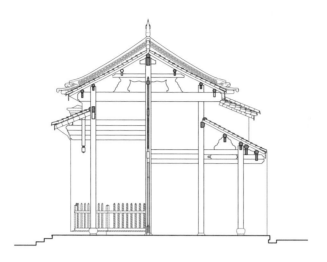

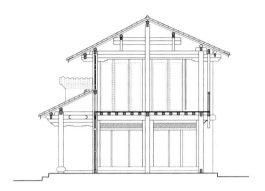

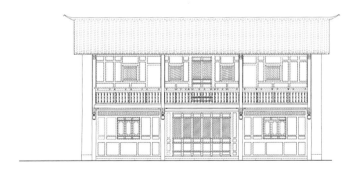

1. 图 3-17　观音殿剖面图
2. 图 3-18　观音殿立面图
3. 图 3-19　观音殿分解轴测图

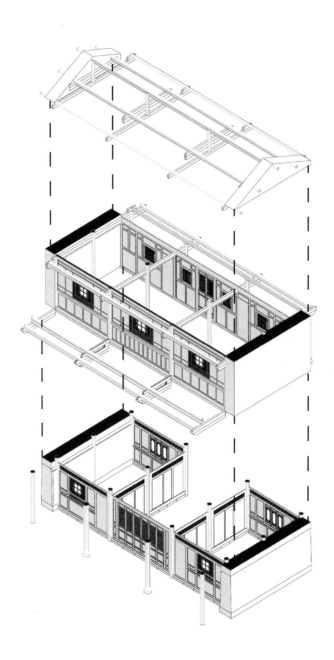

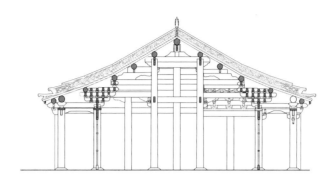

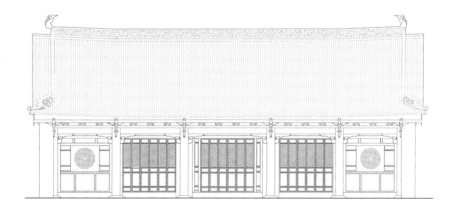

1	3
2	

1. 图 3-20　天王殿纵向剖面图
2. 图 3-21　天王殿立面图
3. 图 3-22　天王殿分解轴测图

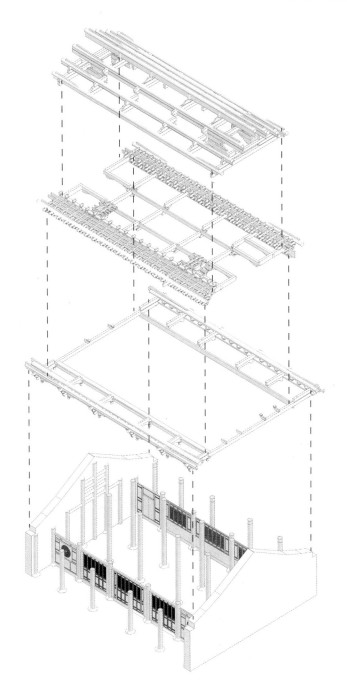

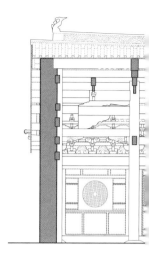

1	2
3	4	5

1. 图 3-23　天王殿斗栱细部
2. 图 3-24　天王殿横向剖面图
3. 图 3-25　天王殿外门廊
4. 图 3-26　天王殿斗栱细部照片
5. 图 3-27　天王殿柱头细部

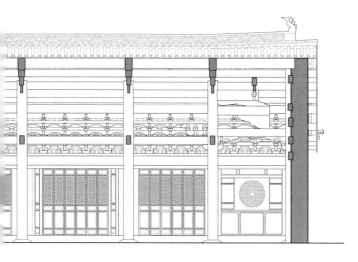

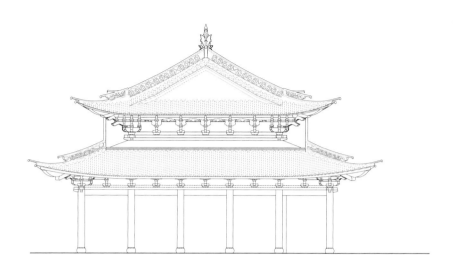

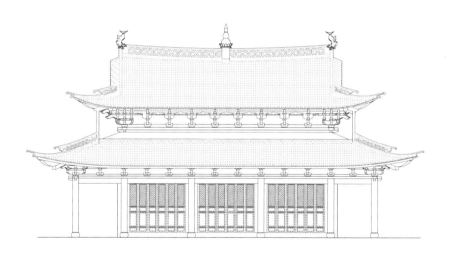

| 1 | 3 |
| 2 | |

1. 图 3-28　大雄宝殿侧立面图
2. 图 3-29　大雄宝殿正立面图
3. 图 3-30　大雄宝殿分解轴测图

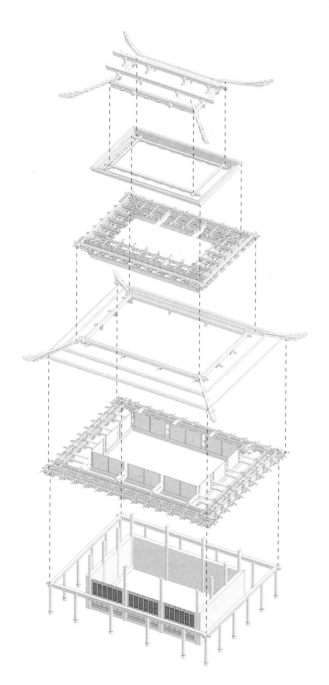

图 3-31　大雄宝殿屋角及外廊照片

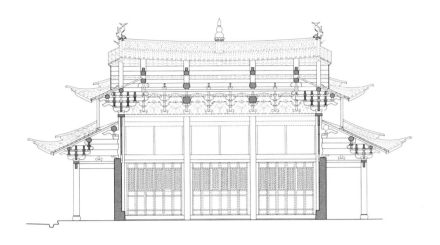

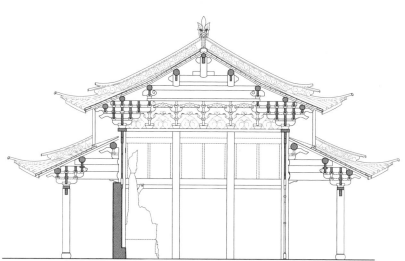

1. 图 3-36　大雄宝殿斗栱细部
2. 图 3-37　大雄宝殿屋顶结构照片
3. 图 3-38　大雄宝殿屋顶结构照片
4. 图 3-39　大雄宝殿屋顶结构照片

第四章

魁阁带戏台

兴教寺山门正对着一座戏台。戏台的主体建筑结构是魁星阁，戏台只是附带功能，两者一起构成了当地称为"魁阁带戏台"的独特建筑形式。魁阁带戏台是寺登街最高的古建筑，也是整个沙溪坝子中造型最优美的魁阁带戏台之一。

它位于四方街东面建筑群中央临街位置，与西面的兴教寺殿宇、寺门建筑成一中轴线，将四方街分为南北两个部分。

魁阁是敬奉魁星的地方，是过去当地白族人为表彰有功名人士而修建的纪念性建筑。当时，出了秀才以上的村子都可以修建魁阁以彰文功。到了清光绪年间，沙溪坝子已建有十多座魁阁，足见当时沙溪人才辈出及儒家文化之盛。

图 4-1　魁阁带戏台北侧视角

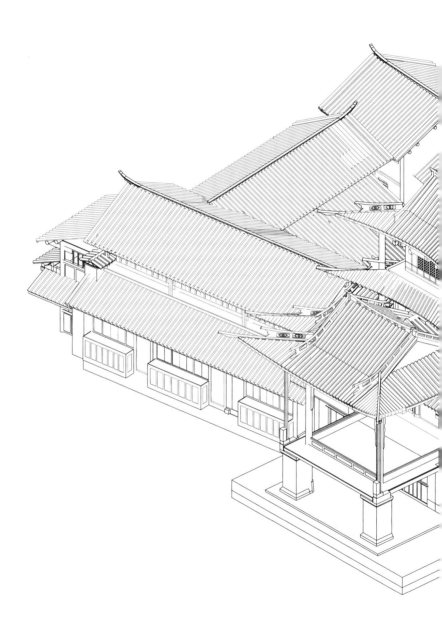

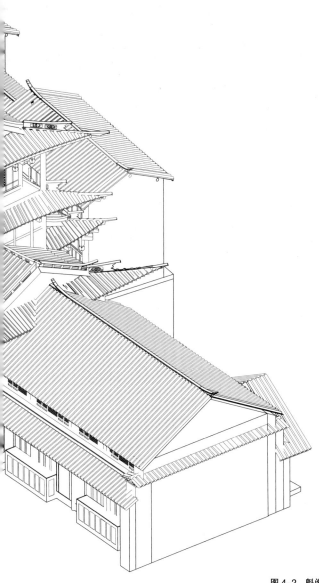

图 4-2　魁阁带戏台及其附属建筑整体轴测图

图 4-3　魁阁带戏台点云照片（剖面图与轴测图）

魁阁外观三层，内部实际为四层结构，前戏台、后高阁。魁阁最顶层供有魁星像，在面向广场的西侧建有一个戏台。戏台突出到广场之中，底层架空，最大限度地拓展了可观看的范围。魁阁和戏台都为歇山顶，木构件上施满了彩绘，屋顶上大量使用了脊饰，体现了其较高规格的建筑等级。魁阁带戏台建筑结构精巧，比例优雅，尺度适宜，出檐十二角，层层叠叠，翼然若飞。虽经历了数次修缮，但基本上还保持了原建筑的风貌。

魁阁带戏台南北两翼的建筑原为底层商铺的民居，以前都是按间划分使用，每间中都有联系上、下两层的楼梯。底层商铺中不乏当地的知名字号如"文昌号"，二层原来多用于堆放杂物，层高较低。现状南北两翼一层的商铺被保留了下来，二层则与戏台后面魁阁的二层贯通一气，并被改造为一个展示当地历史文化风俗的陈列室。魁阁二层新增了一处面向后院的入口，兼作陈列室的入口和戏台的登台通道。这样一来，表演的后台空间可以扩大到后院，大大方便了演出时的调度安排。

1990年一次修复魁阁带戏台的时候，为戏台增加了一个简陋的藻井。2003年沙溪复兴工程为戏台重新设计制作了一个采用传统木构式样的藻井，以便与戏台的整体风格取得协调。新设计在藻井和戏台梁枋之间留有空隙，以悬挂的方式固定。

图 4-4 魁阁带戏台正面照片

图4-5 要害后侧庭院照片

图 4-6　戏台主体与厢房交界处

a)

b)

1. 图 4-7　a) b) 戏台底层照片
2. 图 4-8　魁阁带戏台及四方街东侧民居一层平面图

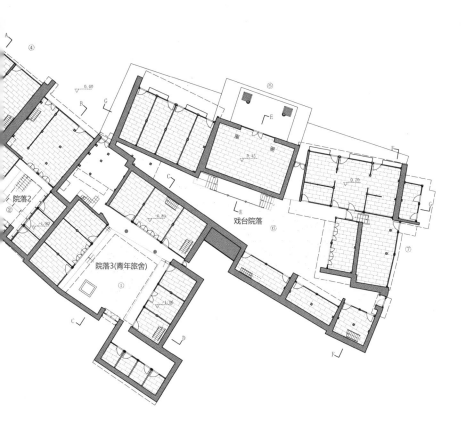

院落2

院落3(青年旅舍)

戏台院落

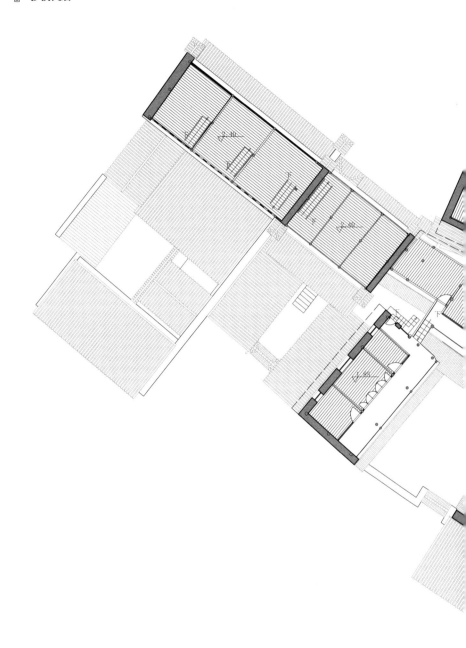

图 4-9　魁阁带戏台及四方街东侧民居二层平面图

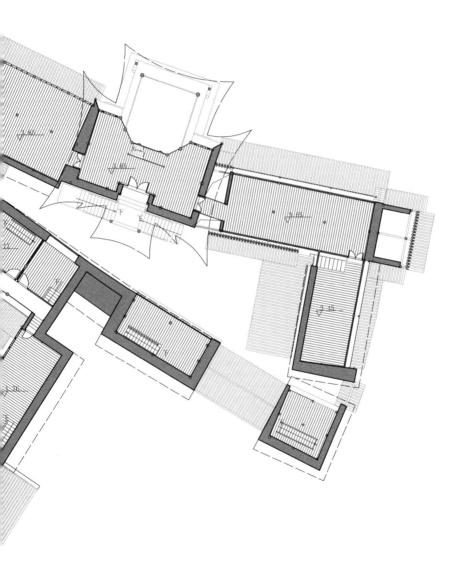

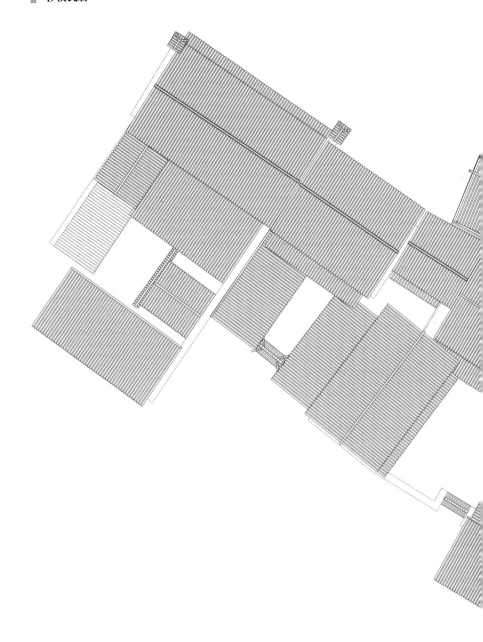

图 4-10　魁阁带戏台及四方街东侧民居屋顶层平面图

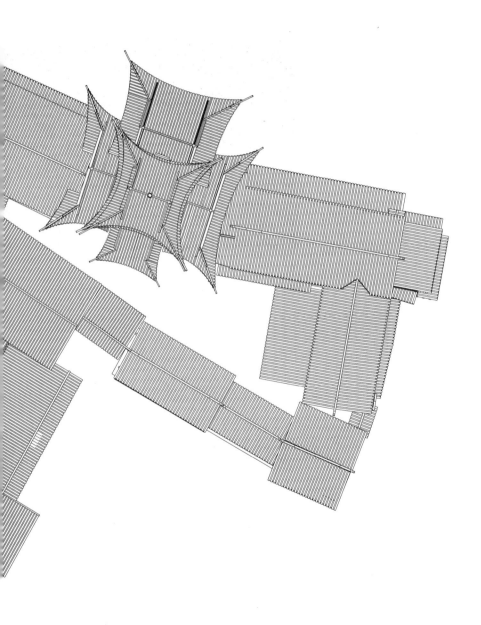

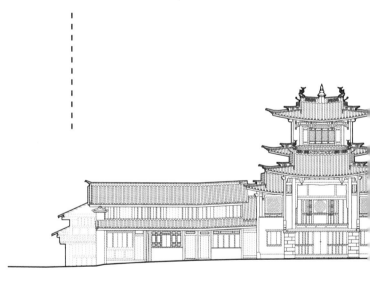

图 4-11　魁阁带戏台及四方街东侧民居正立面图（上为点云图）

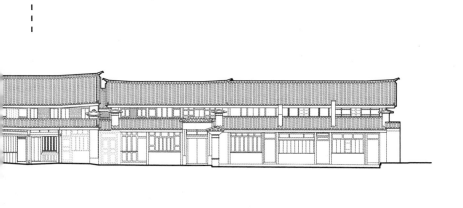

a）

c）

图 4-12 a）、b）、c）魁阁带戏台侧立面图与立面点云图

b)

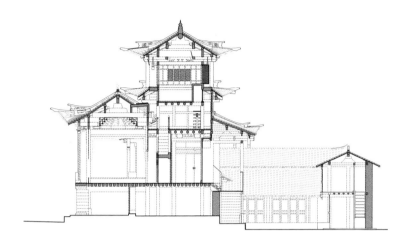

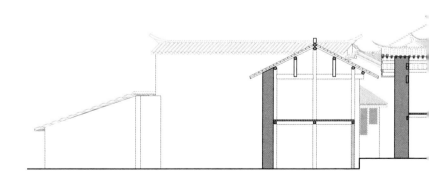

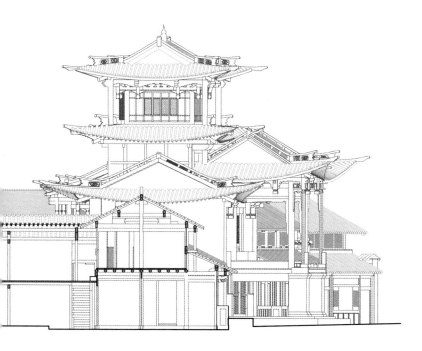

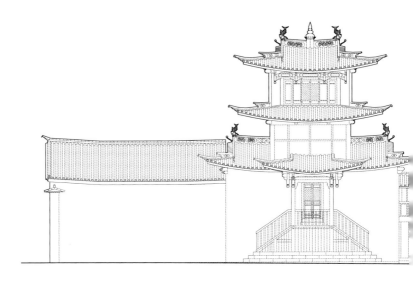

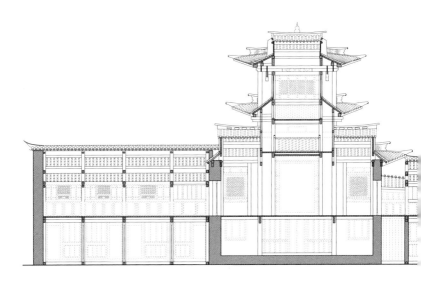

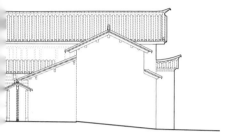

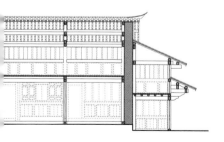

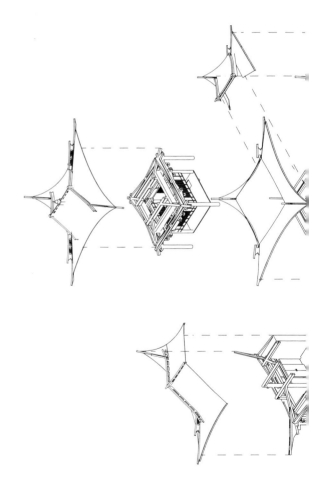

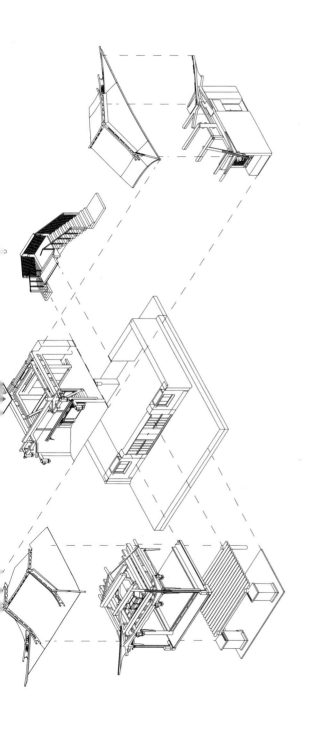

图 4-17　魁阁带戏台主体结构分解轴测图

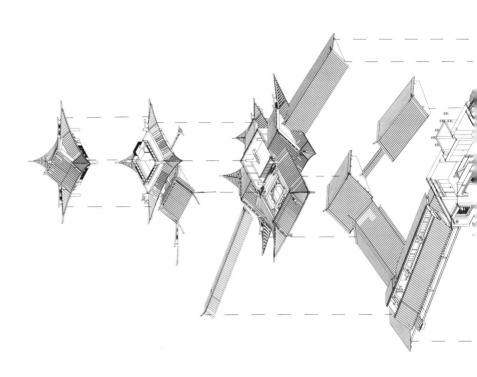

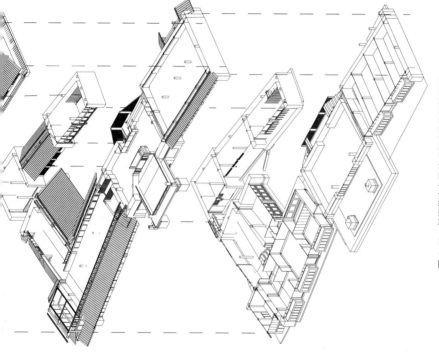

图 4-18 魁阁带戏台及其附属建筑分解轴测图

1	
2	4
3	

1. 图 4-19　戏台正面沿街场景
2. 图 4-20　戏台背面庭院场景
3. 图 4-21　南侧厢房沿街场景
4. 图 4-22　庭院望戏台入口

1. 图 4-23　北侧厢房沿街照片
2. 图 4-24　戏台正面沿街场景
3. 图 4-25　北侧厢房沿街场景

1	2
	3

 1. 图 4-26　戏台后部上魁阁楼梯
2. 图 4-27　戏台藻井连接细部
3. 图 4-28　戏台与魁阁连接处
4. 图 4-29　魁阁天花仰视
5. 图 4-30　魁阁室内照片

第五章

Chapter 5

老马店

老马店是位于四方街北侧的一排民居,曾经是接待马帮的客栈。这里原有几家马店,现在由当地政府部门统一管理,称作老马店。这组建筑西侧的院子建得非常考究,1912年一位洱源人买下这块地,建起前铺后院的房子。由于地形限制,这组民居没有按照传统白族民居坐东向西的惯例来布局建造,而是根据地形条件因地制宜来布置。院内共有正房3间,偏房4间,临街是3间店铺,中间为小合院,院中有井,井旁有神龛。大门开在东边耳房上,偏于一侧,内有精致照壁。马店一层为当时主人住房,二层是留给赶马人住的客房,最里面的院子是4间马厩,便于客人在二楼通过窗户留意自己的马匹情况。沙溪复兴工程也修复了老马店几个院落,如今的沿街立面是老马店开业前再次改造的立面,将原有的木质板门更换为更富装饰性的格子门窗。测绘时,老马店处于闲置状态,部分木质构件有腐朽情况,上次改造的痕迹很重,有些房间的改造未能较好地尊重老建筑,院落基本保持较好。

图 5-1　老马店西南沿街照片

沙溪民居

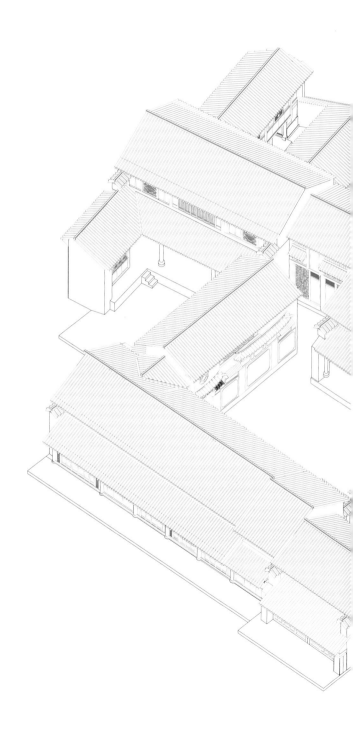

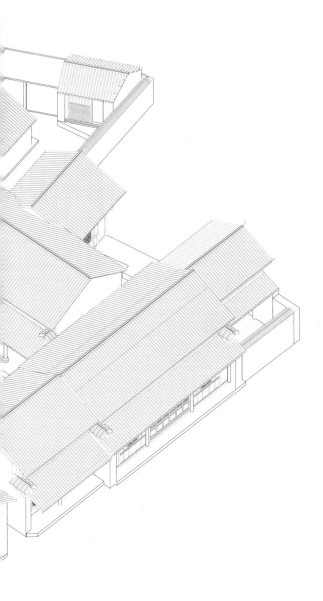

图 5-2　老马店整体轴测图

图 5-3　老马店西南沿街檐下照片

图 5-4 老马店院落一照片

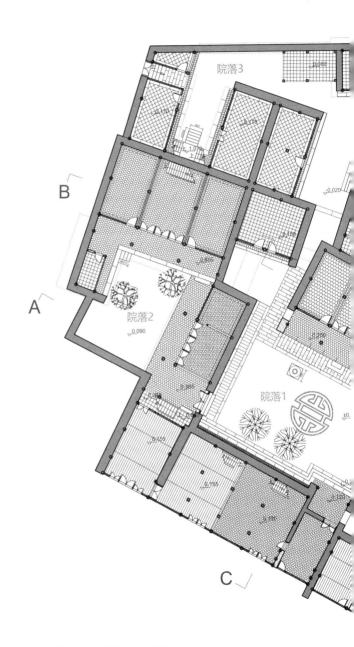

图 5-5 老马店一层平面图

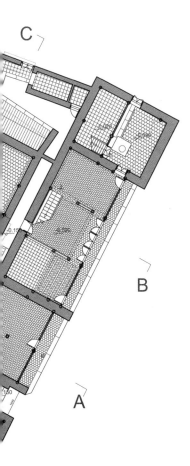

C

B

A

沙溪民居

1. 图 5-6　老马店二层平面图
2. 图 5-7　老马店院落二照片
3. 图 5-8　老马店院落三照片

108

1		3
2		

1. 图 5-9 老马店院落三照片
2. 图 5-10 老马店院落三照片
3. 图 5-11 老马店屋顶平面图

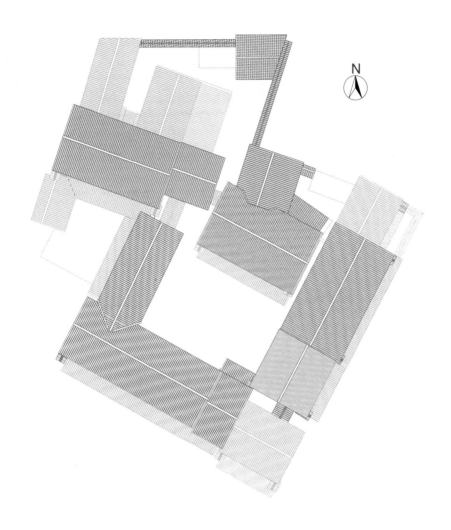

沙溪民居

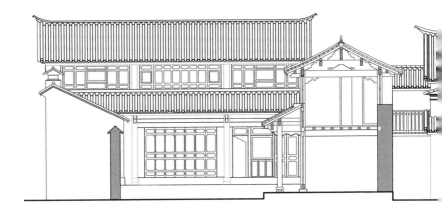

1. 图 5-12　老马店 A-A 剖面图
2. 图 5-13　老马店 B-B 剖面图

112

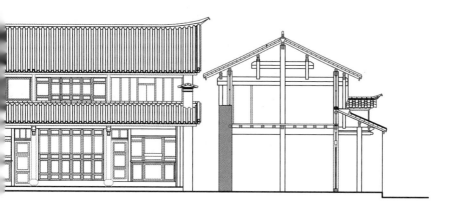

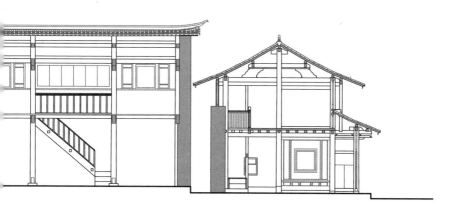

1. 图 5-17　老马店沿街立面局部
2. 图 5-18　老马店厅堂望庭院内景
3. 图 5-19　老马店东南侧立面图
4. 图 5-20　老马店西南侧立面图

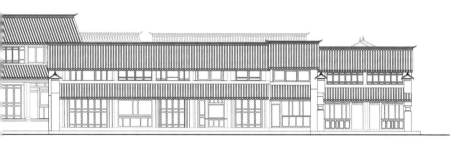

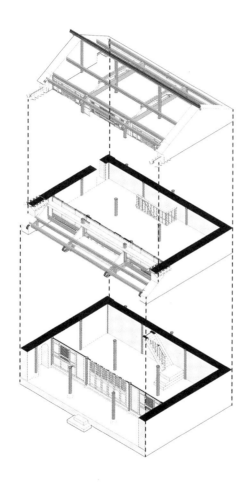

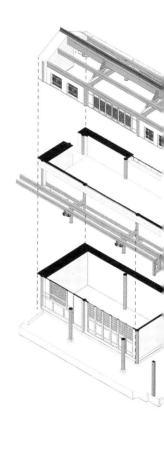

1. 图 5-21　老马店一号房分解轴测图
2. 图 5-22　老马店民居二号房分解轴测图
3、4. 图 5-23　老马店民居室内照片

1. 图 5-24　老马店院落二外门廊照片
2. 图 5-25　老马店民居三号房分解轴测图
3. 图 5-26　老马店民居沿街店铺分解轴测图

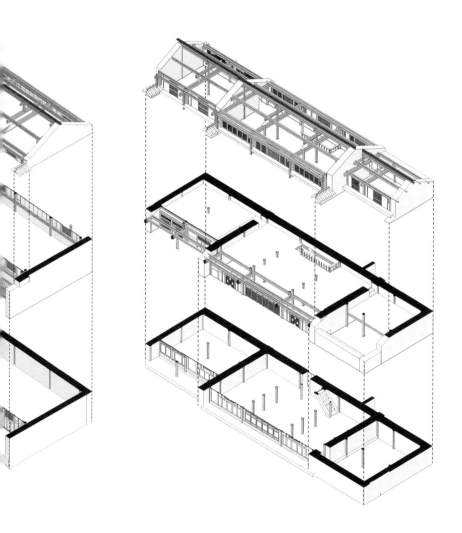

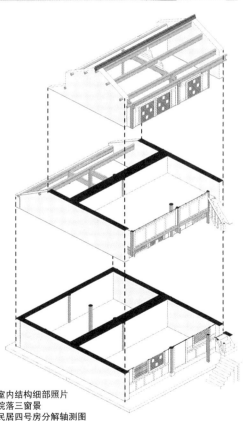

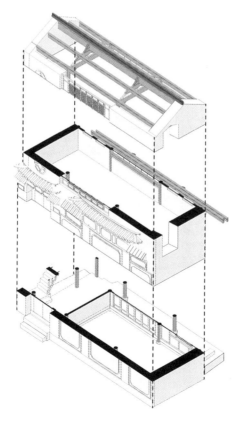

<table>
<tr><td>1</td><td>3</td></tr>
<tr><td>2</td><td>4</td></tr>
</table>

1. 图 5-31　老马店院落一场景图
2. 图 5-32　老马店院落二场景图 1
3. 图 5-33　老马店院落二场景图 2
4. 图 5-34　老马店廊道场景图

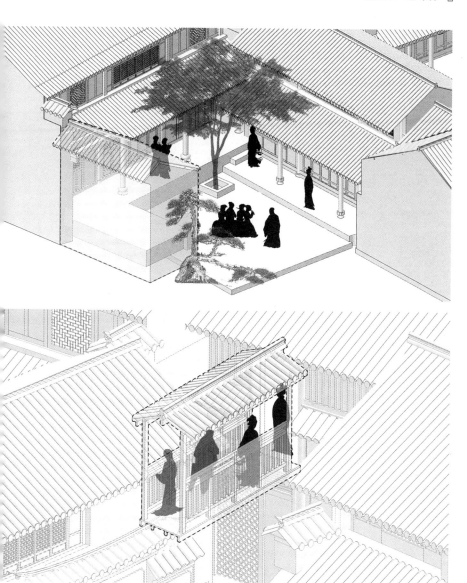

1. 图 5-35　老马店院落三场景图 1
2. 图 5-36　老马店院落三场景图 2
3. 图 5-37　老马店西南侧沿街场景图
4. 图 5-38　老马店东南侧沿街场景图

第六章

Chapter 6

民居·其他建筑

玉津桥飞跨在寺登街东面的黑潓江上。出东寨门向南，步行百余米，就来到了玉津桥。玉津桥为单孔石桥，长35.4米，宽5米，净跨12米，拱高6米。两边有石板护栏，桥面的青石板上有一个个马帮踩出的马蹄窝，桥拱顶上南北雕两只鳌头遥望上下游江面。明朝时期，这里原有一座木桥，1639年大旅行家徐霞客云游到此，曾从木桥上走过并将足迹记载到他的游记里："沙溪之水流其东，有木梁东西架其上，甚长"。历史上黑潓江水曾好几次冲毁木桥，断绝两岸交通，殃及人民，"百姓多有怨难"。到了清代乾隆年间，当地又将其改建成石板桥。当时，赵州师荔扉先生在剑川办教育，在桥上题联："石可成梁，从今不唱公无渡；津真是玉，到此方知水有源"。这即是玉津桥桥名的得来了。

玉津桥与古镇紧密相连，极大地发挥着它作为桥的作用，它不仅是茶马古道上重要的过江桥梁，还极大方便了两岸居民的生产生活。从马帮时代过来的沙溪人民，现在的生产生活还与马匹有着密切联系，马匹、羊群、箩筐、锄头和叼着烟斗的村民是桥上常见的景象。

图6-1　玉津桥

图 6-2 东寨门外眺望玉津桥

图 6-3　玉津桥上游人

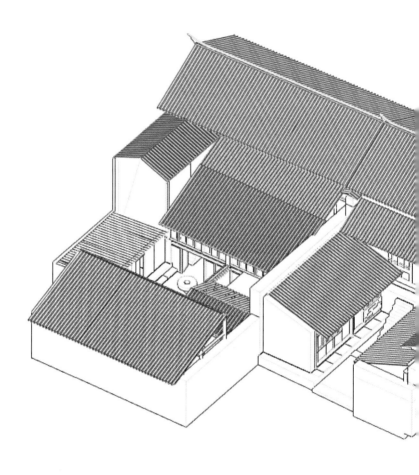

图 6-4　四方街东侧民居整体轴测图

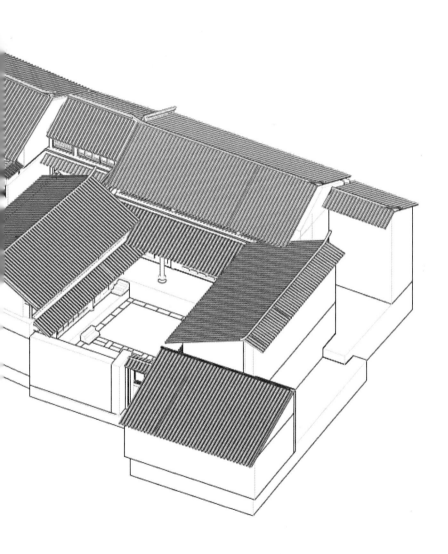

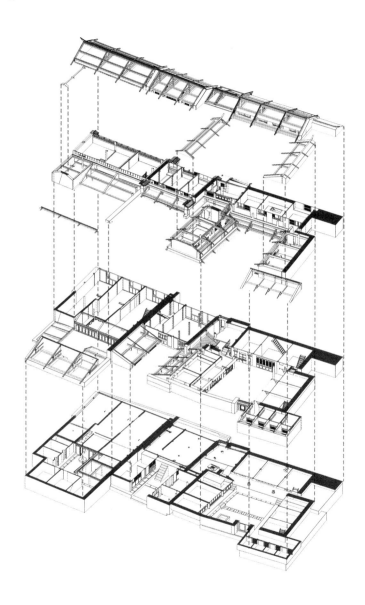

1. 图 6-5　四方街东侧民居分解轴测图
2. 图 6-6　建筑屋顶
3. 图 6-7　建筑二层檐口
4. 图 6-8　外露的楼面结构

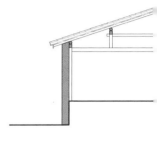

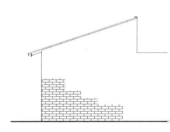

1	4
2	5
3	

1. 图 6-9　一层室内
2. 图 6-10　一层室内（加建部分）
3. 图 6-11　二层室内
4. 图 6-12　四方街东侧民居 A–A 剖面图
5. 图 6-13　四方街东侧民居 B–B 剖面图

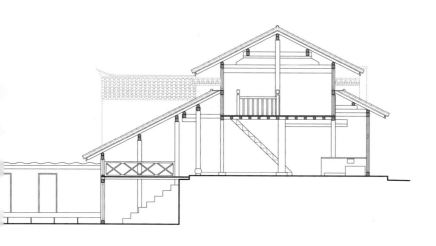

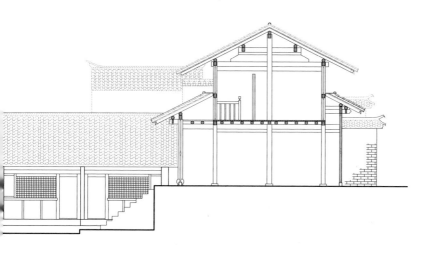

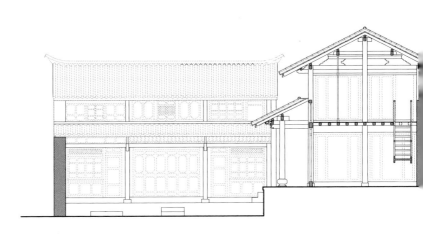

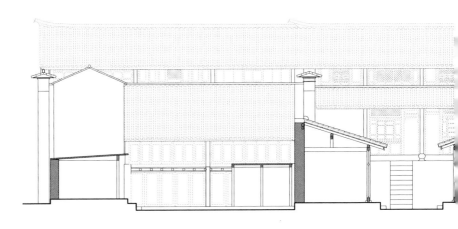

1. 图 6-14　四方街东侧民居 C-C 剖面图
2. 图 6-15　四方街东侧民居二层窗景
3. 图 6-16　四方街东侧民居 D-D 剖面图

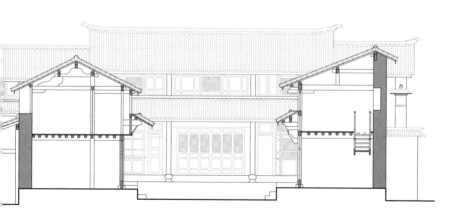

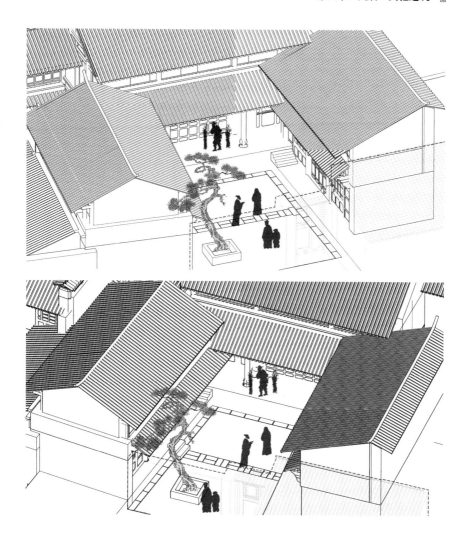

1. 图6-20　四方街东侧民居沿街场景街景
2. 图6-21　四方街东侧民居院落三场景
3. 图6-22　四方街东侧民居院落一场景
4. 图6-23　四方街东侧民居院落三照片
5. 图6-24　四方街东侧民居二层窗景
6. 图6-25　四方街东侧民居二层窗景

图6-39 四方街南侧民居庭院照片

图6-30 四方街商铺民居入口

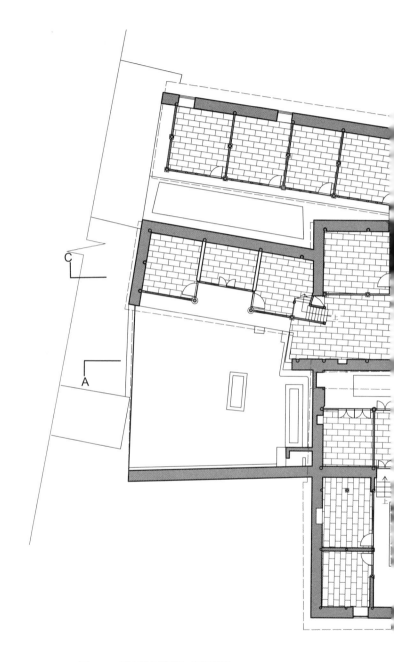

图 6-31　四方街南侧民居一层平面图

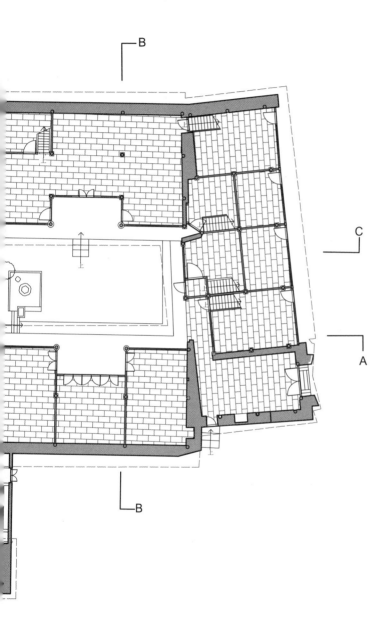

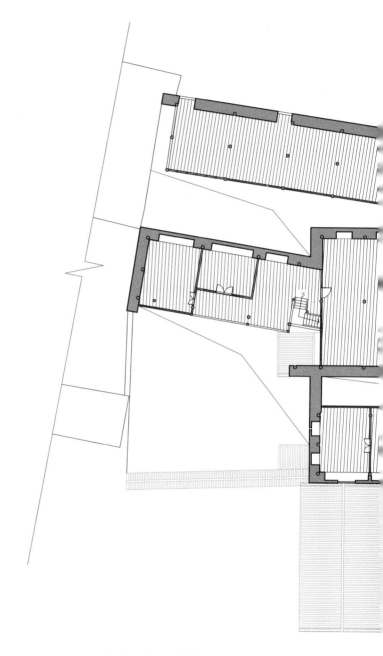

图 6-32　四方街南侧民居二层平面图

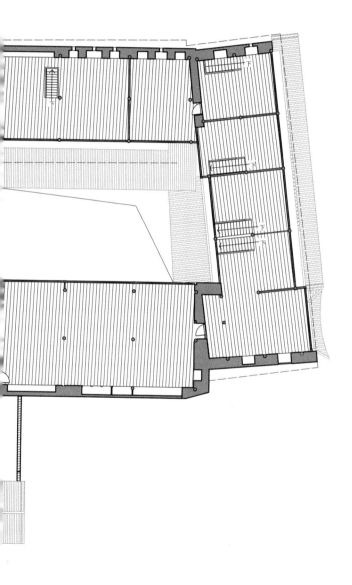

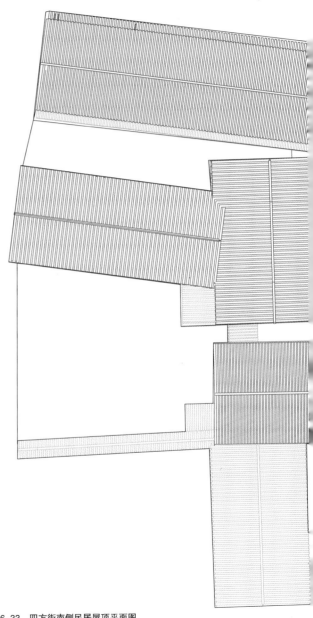

图 6-33　四方街南侧民居屋顶平面图

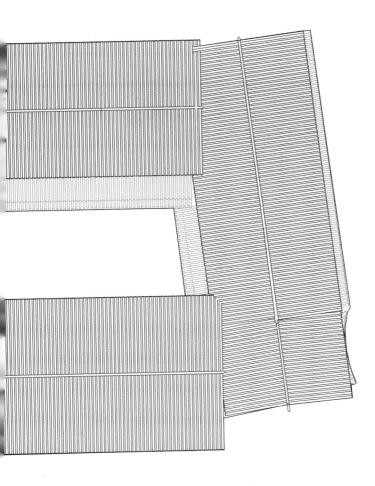

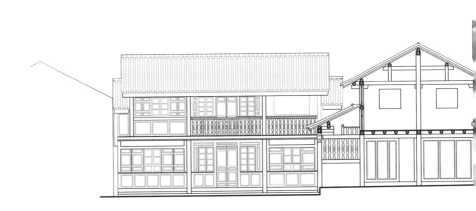

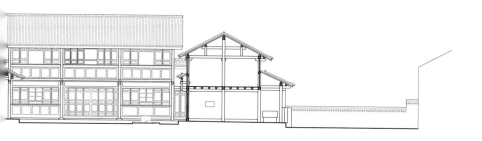

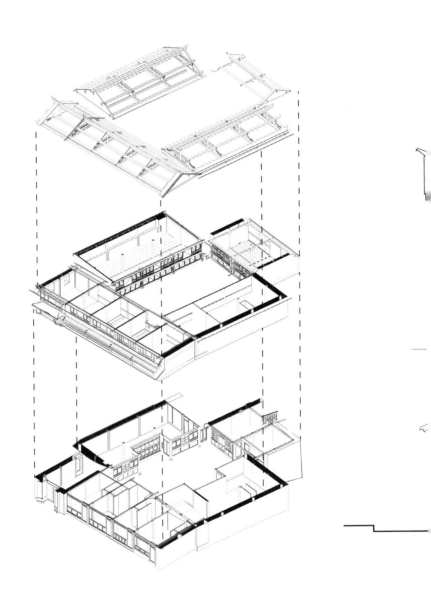

1. 图 6-37　四方街南侧民居分解轴测图
2. 图 6-38　四方街南侧民居分解北立面图
3. 图 6-39　四方街南侧民居分解 C–C 剖面图

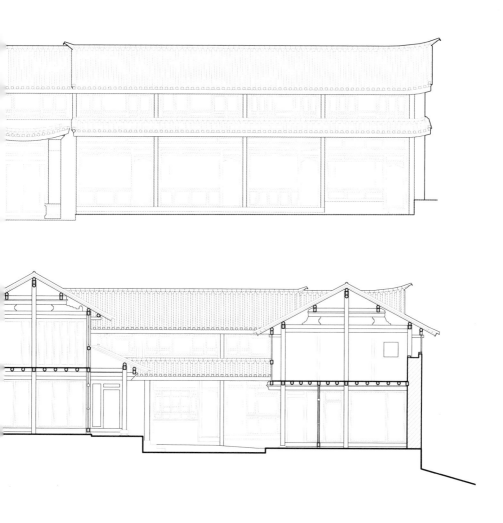

第七章

回归真实的古镇
——云南沙溪古镇的复兴

2002年沙溪寺登街被列入世界纪念性建筑基金会（WMF）值得关注的100个世界濒危遗址名录，由此拉开了沙溪古镇复兴的序幕。瑞士联邦理工大学和剑川县人民政府共同发起了沙溪复兴工程，在中国各级政府部门、瑞士发展合作署以及多家国际慈善基金会的支持下前后分六期实施。

沙溪复兴工程的主要目标是通过构建一个涵盖文化、经济、社会和生态在内的理想框架，在沙溪精心打造一个可持续发展乡村的范例，以四方街修复、古村落保护、沙溪坝可持续发展、生态卫生、脱贫与地方文化保护以及宣传六个各具特色的子项目为手段，以当地人民及其相关的文化遗产、生产生活、田园生态为重心，确立一种兼顾历史与发展的古镇复兴模式。

随着时间的推移，瑞士团队由最初的项目主导者逐渐转变为在理念上、技术上的支持者，并以瑞士团队的中方代表为主成立了剑川县沙溪源乡村合作中心，通过国际合作、城乡互助、乡村内生动力培育三个层次持续推动沙溪古镇的可持续发展。

古镇认知

沙溪是中国西南横断山脉中一个极其普通的小坝子，由于高山的阻隔，与外部的联系极为不便。然而，崇山峻岭阻隔不了商业贸易的诱惑，中国西南民族重要的经济文化交流的走廊——茶马古道因藏区的茶叶需求而形成。茶马古道是存在于中国西南山区，以马帮为主要交通工具，以茶叶为主要货物的民间国际交通驿道。它连接着五尺道、博南古道等数条古道，构成了一个规模庞大的商贸网络。茶马古道是世界上地势最高、路况最为险峻的一条通道，有壮美的自然风光和神秘独特的文化，蕴藏着丰富的文化遗产。

世界纪念性建筑基金会评价中写道："中国沙溪是茶马古道上唯一幸存的集市，有完整无缺的戏台、客栈、寺庙和寨门，使这个连接西藏和南亚的集市相当完备。"茶马古道的历史为沙溪带来了辉煌，创造并留下了完整、精美的建筑遗产，人们可以在这里重温马帮时代的历史空间。然而，随着茶马古道被现代交通所取代，远离主干公路网络的沙溪日渐衰败，历史也因此被尘封。

沙溪90%以上的居民都是白族，与世隔绝的生活和民族的聚居让沙溪更加的不同于中国东部经济高速发展影响下的乡村，沙溪白族仍然完整地保留着自己的语言、音乐、舞蹈、服饰和节日等风俗，传统而独特。不过，这种传统和独特，对于长期生活在沙溪的村民而言，一切都是司空见惯的，并没有什么特别之处。

正是这种见怪不怪，让沙溪的本地人也常常难以详尽叙述沙溪的历史。在四方街附近的地表经常可以看到一些凸出地面的大石头，沙溪人称之为"天生石"，言外之意就是这些石头是原本就在这里的。然而，这些石头的石质并不同于沙溪的地质结构，其实是在冰河纪随着漂移的冰川来到沙溪，在冰期结束后留了下来。这些石头有一个很明显的特点，就是石头的上面一般都有一些凹窝，这正是冰川在消融过程中由小的岩屑快速冲击和螺旋研磨的结果，形状类似古代舂米的石臼，因而被称作"冰臼"，是典型的古冰川遗迹。可以看出，这些远古的石头对于沙溪而言弥足珍贵。

在四方街通往东寨门的小巷中，就有两个很典型的冰臼，可以很清晰地看到岩屑作用形成的凹窝。在2003年开始实施基础设施项目建设时，由于这些冰臼横亘在沟渠当中，妨碍了水流的通畅，被当地人理所当然地凿开了一道豁口，殊不知，千万年的时间也从此多了一处缺口。经过一番激烈的争执，另一个冰臼终于被完整地保留了下来，也算是亡羊补牢了。

古镇之所以成为古镇，无非是依赖其悠久的历史、深厚的文化、丰富的遗存。然而，如果没有足够的知识和充分的了解，古镇的价值便会在不经意间悄悄地流失，正所谓有缘千里来相会，无缘对面不相逢。古镇保护之先，必须理清古镇的历史、文化，在记忆和故事之中拨开历史的尘埃，并以此作为古镇保护和利用的依据，让更多的人了解、体会和欣赏古镇的别具一格。如果抛开古镇原有的历史，凭空赋予古镇一种臆测的形式，那么必将失去古镇的独特性，要么是东施效颦，要么是徒有其形，最终沦为可以被随处复制的赝品。简而言之，对古镇的认知深度和广度决定了古镇未来发展潜力的大小。

文化的回归

文化没有具体的形态，看不见、摸不着。但是文化对于一个地区而言，又是灵魂和根本，地区的活力和创造力都与文化密不可分。

沙溪被称作茶马古道上唯一幸存的古集市，正是因为茶马古道的历史为沙溪留下了深深的烙印：沙溪的四方街本身是马帮停留、交易、活动，甚至露营的场所，一侧有建于明代的兴教寺，另一侧是建于清代的魁阁带戏台，四周环绕着商铺和马店，村子的外围还有寨门保证村庄和马帮交易的安全。所有这些建筑构成了一幅完整的历史图景，与在沙溪世代繁衍的白族原住民一起，定义了沙溪的文化特征，这也是沙溪古镇复兴计划的源泉和动力。所以，沙溪古镇的复兴首先是文化遗产的保护，特别是对四方街及其周边历史建筑的保护。

说起保护，很多人都会想到"修旧如旧"的原则。但是"修旧如旧"从来没有被确切地阐释过，其中前后两个"旧"究竟是指什么，语焉不详。于是乎，"修旧如旧"被大家各取所需地自由解读：保持历史建筑原样，什么地方破损修什么地方，这是"修旧如旧"；设定一个"辉煌"的历史时期，不论历史建筑的实际情况和价值，统统改造成一个年代的样式，这也是"修旧如旧"；拆除现有的历史建筑，再重建成仿古建筑，这还是"修旧如旧"。只要最后的成果是"旧"的式样，似乎都可以用"修旧如旧"解释。不过，在所有成文的标准、法规中，却找不到"修旧如旧"的身影。在《文物保护法》中，修复的原则是"不改变文物原状"，而在国际宪章中，修复的原则是"真实性"。在沙溪古镇复兴的项目中，保护的原则不再是枯燥的书面文字，而是一种真切的实践，保护的原则也因而呈现得更加清晰。

兴教寺是沙溪最为古老的建筑群，但是寺庙的大门在当地解放后用作政府办公时改成了办公楼，完全看不出是一个寺庙的入口了。作为整个茶马古道古集市的一个重要的组成部分，兴教寺的大门应当表达出寺庙的特征，这是毫无疑问的共识。但是，在讨论究竟采取何种式样的时候，瑞士团队与当地的学者发生了激烈的争论。

当地学者所期望的大门式样是一个一高二低牌楼式的大门，据说原来的大门就是这样，门两侧还有哼、哈二将的塑像，就像今天仍然可以在剑川随处可见的那些寺院大门一般。可是瑞士专家认为，兴教寺是四方街的一部分，现在的四方街是在漫长的历史进程中形成的，沙溪最有价值的也正是以四方街为代表的一个综合性的文化遗产，因此，四方街的整体性远比兴教寺的大门本身重要得多。无论兴教寺大门重建成什么样，都不能因之而改变整个四方街的历史格局。况且时过境迁，大门两侧的民居的高度也早就不同于当年了，单独将兴教寺大门回溯到原来的时代是一种非常尴尬的组合。所以无论从哪一个角度讲，恢复一高二低的牌楼式大门都是不现实的。

仔细想来，双方对于兴教寺大门式样的争论其实各有道理，只是需要一个合理的解决方案。瑞士专家关心的是整个区域的整体性，不能因为突

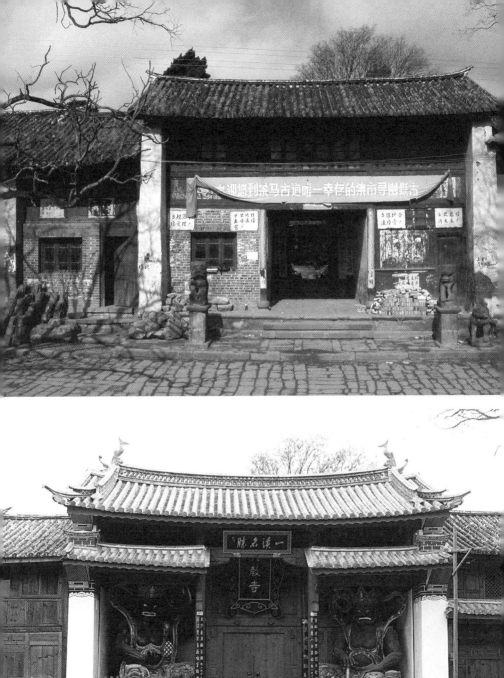

出大门的建筑而破坏四方街整体的格局，也就是说，建筑的位置、高度、体量都不能改变，而当地学者关心的是寺庙的文化特征，不能继续保留办公楼的式样。虽然刻舟求剑地采取一高二低的牌楼式样肯定是不合时宜了，但是体现寺院的特质的要求还是合乎情理的，重建的兴教寺大门需要兼顾双方的诉求。

新设计保持了现有建筑的柱位、高度和体量，只不过将建筑由二层调整为通高的一层，在大的屋面之下增加的两次间的小披檐，一方面表达出传统的一高二低的形象，另一方面通过立面的划分，与周围民居的尺度获得协调，而哼、哈二金刚则安排在小披檐下的空间里。这一设计得到双方的一致认可，兴教寺大门的争端于是告一段落。

从保护的观念到保护的实践，往往有一道无形的门槛。兴教寺大门的新建并没有拘泥于概念的纠缠，既没有遵从"修旧如旧"的原则，也没有办法"不改变文物原状"，只能是依据国际通行的"真实性"的原则，以四方街的文化特征为依据，延续并强化其核心价值。兴教寺大门的新建，目的是为了让四方街这个茶马古道上唯一幸存的古集市的文化特征更加完整，历史空间的功能表现得更加充分。"新"与"旧"不再重要，是否遵循了其价值逻辑，这才是保护的重点，这才是文化的核心。

以兴教寺大门为代表的一系列四方街核心文化遗产的修复，更新了建筑的功能，再次彰显了四方街这个茶马古道上唯一幸存的古集市的价值，四方街也因此成为沙溪的名片，逐渐恢复了活力，成为来访沙溪的必到之处，文化也因此成为经济社会发展的根本动力。

<table>
<tr><td>1</td><td>1. 图7-1　原来的兴教寺大门</td></tr>
<tr><td>2</td><td>2. 图7-2　新建的兴教寺大门</td></tr>
</table>

生活的回归

四方街的文化遗产是沙溪历史和文化最集中和最重要的代表，但是这些文化遗产不是孤立存在的，它有一个背景，就是整个古镇。只有和古镇中民居构成一个整体的时候，这些文化遗产才是真实和鲜活的。这种真实和鲜活来自于原住民日常的生活，这也是文化遗产最为重要的一个特点，是物质文化遗产和非物质文化遗产的集合，所以，古镇生活和文化遗产是相辅相成、相得益彰的。

然而，古镇建成的时候其目的是为了满足传统的生活方式，现在时过境迁，传统的居住环境已经完全不能满足现代人的生活需要。在复兴项目启动之前，原住民已经逐渐外迁，在古镇外围新建了住宅，以获得更好的居住品质。那时的四方街人迹罕至，基本没有人居住在周边了。

为了让生活重新回到古镇，就必须改善整个古镇的基础设施，但是这个改善又不能照搬城市的模式，不能影响古镇的整体风貌。由于古镇的街巷一般比较窄，很难达到现代规范要求的管线埋置深度，这些对设计和施工都提出了很高的要求。结合管线的施工，将蜘蛛网一般横亘天空的电线埋入地下，同时重新铺装了古镇的路面，古镇的面貌在去除了不和谐的干扰之后，显得安静和深沉。直到今天，很多来到沙溪的人都认为四方街特别适合无所事事地待上一整天，这既说明了沙溪古镇的独特魅力，也证实了生活正在悄悄地回来。

更多的生活和旅游服务设施，比如停车场、集市、广场等，也是现代生活的需要，但是不可能全部融入古镇，只能在古镇的周边因地制宜地安排。与此同时，瑞士团队通过对沙溪现有产业的分析，基于可持续发展的方向，确定适合在沙溪发展的产业和限制在沙溪发展的产业，引导沙溪整体的发展。系统性的构架保证了历史环境和现代生活之间的兼容与互补，保护与发展之间的平衡，以及生活、生产和生态之间的协调。

沙溪的客栈慢慢多了起来，沙溪的酒吧慢慢多了起来，沙溪的人慢慢多了起来，沿路的摊贩也多了起来。沙溪并没有刻意去宣传，去投放广告，而是依赖网络时代的口口相传，甚至很多人在行程开始的时候还不知道沙溪这个地方。慢慢地，沙溪登上了全球著名的导游手册《孤独星球》的封面，越来越多的外国朋友按图索骥，在沙溪流连忘返。这一切都发生得那么自然，自然得就和生活一样。

主体的回归

随着沙溪古镇复兴项目的深入实施，沙溪古镇越来越热闹，无论是原住民还是外来者，都看到了潜在的商机，于是各显神通，开始了自己在古镇的事业。不过，事情很快有了变化。面对旅游的市场，原住民虽然占尽地利的优势，但是仍然竞争不过外来者，挣扎了几年之后，纷纷选择了放弃，将自己的房产出租给外来者，自己拿着"天价"的租金去古镇外继续自己原本的生活。对于搬出去的原住民而言，古镇也不再是自己的家园，而成为一处景点。这很显然不是我们发起沙溪复兴项目的初衷。如果古镇没有了原住民的生活，古镇的文化将难以维系，古镇也终将由一个真实的生活空间沦落为一处空虚的商业场所。

其实，在过去长期的城乡二元体制下，造成了城乡资源的极度不平衡，积重难返。这看似原住民与外来者之间经营能力的竞争，其实是源自城乡自主发展能力的差距：无论是在教育上，还是资本积累上，甚至在经验经历上，原住民和外来者根本就不在一个层次上。而在资本驱动下，越来越多的原住民再次搬离古镇，在外围另建新居，这种无序的扩张也给古镇的整体格局和风貌带来难以挽回的损失。

面对新的挑战，我们在沙溪古镇以南两公里的地方启动了城隍庙社区中心项目，希望以此作为支持原住民参与本地发展的一种手段。城隍庙一直就是沙溪的精神中心，虽然在当地解放以后被征用作为粮库使用，本地村民无法进入，但是到城隍庙来祭拜的传统却从未中断过，即使仅能在大门口烧几柱香。

图7-3　沙溪古镇四方街

在当地政府的支持下，粮库择地新建，城隍庙的修复也在如火如荼的开展之中，修复完成的城隍庙将用作沙溪的社区中心，用以带动社区活动和旅游服务。城隍庙是沙溪的精神中心，以前是，将来仍然是；结合一年一度的城隍庙会和不定期的民俗活动，开展艺术活动和建立文创基地，城隍庙将是一个文化中心；本地生活丰富的地方也正是游客乐于体验的地方，城隍庙也必然成为另一个游客中心；游客与原住民聚集于一处，相互的交流总是不可避免，城隍庙因而也是交流中心；基于交流的深入，原住民的农产品、手工艺品便有了市场，城隍庙毫无疑问也是一个交易中心；为了生产更多、更好的产品，发展新的产业，原住民对技能的需求会越来越多，结合紧邻城隍庙的东侧废弃小学的教室，城隍庙也是沙溪的学习中心。这六大中心最终构成一个完整的社区中心，既服务于原住民，又服务于外来者。

授之以鱼不如授之以渔，沙溪社区中心的建设正是直面沙溪古镇发展中出现的问题，针对性地提出解决对策，旨在通过探索共赢的发展方式和生活模式，推动沙溪古镇的原住民通过社区中心的组织和支持，积极地参与沙溪发展，培育自己的内生发展动力，与此同时建立其对社区的归属感，培养自主、互助和自助的精神。

古镇的发展离不开经济的发展，但是古镇的发展又不能仅仅局限于经济的发展，过度的商业倾向将彻底打破社会的整体平衡发展，破坏可持续发展的根基，只有兼顾社会、文化、环境的整体系统发展，让原住民成为发展的真正主体，才可能为古镇带来可持续发展的未来。

结语

古镇发展的力量是多元的，无论是政府的官员领导，还是满怀热情的乡村建设者，或者是商业嗅觉灵敏的投资者，还有土生土长的原住民，都无法独自左右古镇的发展。沙溪古镇的发展正是一个多种力量交互作用的结果，是偶然的，也是必然的。古镇的价值是多元的，不同的人会看到古镇价值的不同侧面，但是在这些价值的背后，离不开古镇的生活，这是古镇价值的根基。古镇的发展不拒绝外来的力量，但是这并不意味着外来的力量可以取代原住民，让原住民成为发展的主体，这是古镇生活的需要，也是古镇价值的需要，更是古镇可持续发展的需要。无论是文化的回归，还是生活的回归，乃至主体的回归，都是为了不断趋近古镇的真实。当然，这个真实并非是因循守旧、一成不变的，而是基于文化认同的一种自然生长的结果，例如沙溪。

注：本文原载于上海艺术评论[J]，2017, 4：62-65。

第八章

Chapter 8

沙溪传统木结构的榫卯逻辑

中国传统木结构建筑体系的特色重要体现之一，是以榫卯为特征的结构构造方式。榫卯构造不仅造就了中国传统木结构建筑的与众不同，形成了独特的建构文化，还对日本、韩国等东亚国家的木构建筑传统产生了深远的影响，同时也广泛应用于其他种类的木作。

沙溪地处中国西南边陲，发展滞后的同时也促成了传统技艺的持续传承，如今在发达地区已经弃而不用的传统木结构建造方式仍然广泛地应用于沙溪的民居建造。2002年开始的沙溪复兴工程不仅精心保护了沙溪的重要文化遗产，而且进一步延续和强化了传统木结构建筑的遗产价值，榫卯作为传统木结构建筑中必不可少的要素也得到了充分的关注、诠释和发展。榫卯具体的"形"是保护工作的内容之一，也是传递遗产价值这个"神"的物质载体，所以传统榫卯技术的保护不仅仅是榫卯形态的保护，榫卯形态所遵循的逻辑也应当在文化遗产保护实践中得到合理的应用，依照榫卯的逻辑去解决具体的木结构构造问题，而未必拘泥于传统的榫卯形态，期冀实现多个层次、多种价值的整体保护思路。在本书中，笔者根据沙溪具体保护实践的感悟略发一孔之见，借此抛砖引玉，求教于大方。

榫卯逻辑

榫卯古称"枘凿"。枘是榫头，凿是卯口。从河姆渡遗址开始，几千年来，榫卯技术的发展经历了由简而繁，再由繁而简的过程。加工工具的改善和加工精度的提高促使榫卯种类由少到多，榫卯技术的可能性不断增加，到唐宋臻于成熟完善；明代以降，建造方式长足进步，建造体系效率提高，木构件尺寸更为经济，略去了不必要的榫卯关系，斗栱的作用被弱化，柱、梁、檩之间的榫卯构造趋于简洁，形式有所简化，施工更为便利，结构性能也更加合理。榫卯的发展过程不仅反映出对榫卯的认识的变化和建造效率的提高，而且体现了榫卯构造与木结构体系在渐次发展中的相互促进，榫卯逻辑也在不断实践的过程中逐渐显现，对于中国传统木结构建筑的日益成熟起到了至关重要的作用。

榫卯的逻辑一方面依赖于其所用材料——木材的基本特性，另一方面来自于榫卯在建造中的利用可能——构造方式。下面对两者分别进行讨论。

榫卯的材料逻辑

榫卯的出现与发展和中国传统建筑以木结构为主有着必然的联系。也可以说，正是因为以木材为主要建筑材料的缘故，这才导致了榫卯的形成和发展。所以，研究榫卯必须首先考察木材的材料特性。

伐木时机是影响木材性能最显著的外界条件之一。"孟春之月，禁止伐木……仲冬之月……日短至，则伐木，取竹剑。""自正月以终季夏，不可伐木，必生蠹虫。"春夏之季，万物生机勃勃，养分供应充足，此时伐木，残留木料内的养分难免会吸引木蠹虫，无法保证木结构建筑的长久安全。而冬季树木生长基本停滞，是材性最为稳定的时期，此时伐木可以将木材的变化降至最低。不过此后出现了一些后处理技术，据说可以改善非最佳季节砍伐的木材的材性，使在其他季节砍伐木材也成为可能。

作为一种天然材料，木材不可避免地受到季节和气候变化的影响。比如，在潮湿的季节木材体积增大，而在干燥季节木材体积收缩。此外，湿度的变化还会造成木材的强度的微弱变化。木材的这种材料特性决定了木结构的建造需要选择适宜的季节。在潮湿的季节制作的木构件，尽管当时榫卯已经十分严密，可是等到了干燥的季节，榫卯就容易变得松弛，木质越软这种情况就越明显，严重时还会直接影响到木结构的整体性和稳定性。所以，中国传统木结构的加工与制作尽量选择在干燥的季节进行已经是不成文的规矩，而且利用表面油饰等方法来阻止木材因干湿变化而产生的尺寸变化。

除了外界条件对木材的影响之外，更为重要的是木材自身的材料性能特征，这与木材的构造直接相关。概括而言，木材是一种各向异性的天然材料，顺纹的抗拉、抗压与抗弯均好于横纹，其中以顺纹抗拉强度最大。如果以此考察中国传统的木构架，我们就会发现，主要的结构构件都处于顺纹受拉、受压和受弯的状态，完全顺应了材料的力学特性。

此外，从榫卯的发展过程也可以看出材料性能的不断合理化。当我们考察或者维修带斗栱的建筑的时候，时常发现斗栱的尺寸越小，年代越久远，斗越容易被压裂。斗通常为横纹制作的构件，如果用木材的各向异性来分析斗栱，横纹受压性能只有顺纹的10%左右，这就不难解释为什么实际情况中横纹的斗经常被压裂。在实际的发展过程中，我们发现早期斗栱的尺寸宏大，横纹受压的弊端尚不明显，后来采用比较经济的斗栱尺寸后，斗栱在木结构体系中的作用不但没有得到强化，反而逐渐趋于弱化，这其实是斗栱的榫卯构造特点与木材的力学特性的关系决定的。不过，同样尺寸的斗栱如果改用硬木制作，受力性能也会大为改善。再例如，宋代的螳螂榫没有在后世得到推广，这应与螳螂榫头不尽合理的构造有很大关系。螳螂榫头端部突然放大，受力时榫头主要是横纹剪切，而木材的横纹抗剪强度极差。而此后广泛应用的燕尾榫端部与根部的尺寸变化很小，受力时横纹剪切就大部分转化为横纹受压了，力学性能也大为改善。虽然螳螂榫头与燕尾榫在连接效果上是一样的，但是由于材料性能的原因，螳螂榫头容易破损而导致榫头失效，远不如燕尾榫来得实用。所以，木材材料力学的各向异性也决定了榫卯受力效果的方向性，榫卯的形式与木纹的方向是直接联系的。

除了上述普遍性的规律之外，木构件的力学性能还受木材含水率多少、木材天然缺陷分布、木材密度大小（比如树种的差异）的影响。所以，即使是同样形式和尺寸的榫卯，结构性能也充满不确定性。只有充分了解和认识木材的自然属性，扬长避短，对木材的利用才能游刃有余。

榫卯的构造逻辑

从古至今，在榫卯的发展过程中，涌现出种类繁多的榫卯式样，举不胜举。为了便于说明榫卯，又出现了各种不同的榫卯分类方式，令人眼花缭乱。在沙溪的传统木结构保护实践中，我们也接触了大量的榫卯式样。其实从木材的材料性能和构造原理来看，笔者认为榫卯可以简单地归纳为几种基本类型，而其他的榫卯式样都可以看作从这些基本类型衍生发展而来。

直榫——榫头方正规矩或头小根大，位置在构件端头。这是最根本、最常见的榫卯。直榫的衍生类型包括透榫、半榫、馒头榫、管脚榫、套顶榫等。穿斗构架中的穿枋可以看作是一个极端的特例，整根构件就是一个直榫榫头。

大头榫——榫头尽端比根部断面大，位置在构件端头。燕尾榫、银锭榫、马牙榫、营造法式上记载的螳螂头、勾头搭掌都属这种类型。

箍头榫——榫不在构件尽端，用于端头时必须退回一段距离，常用于水平与垂直相交构件。例如柱头和枋在转角处的榫卯，还有雀替、角背的榫卯等，都属于箍头榫。

刻半榫——榫卯不在构件端头，卯口处从一侧刻去约断面的一半，通常用于水平非同向相交构件。常见的有十字刻半榫、十字卡腰榫、桁碗、压掌榫等。

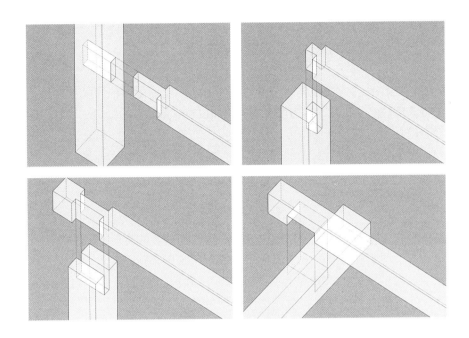

1-4. 图8-1、2、3、4 分别为直榫、大头榫、箍头榫、刻半榫

辅助榫卯构件——栽销、销钉和木楔。栽销通常用于相邻构件的上下限位，一般不穿透构件。销钉和木楔通常与平榫配合使用。销钉可以防止平榫意外滑出，在一定程度上改善了平榫的缺陷。木楔用于透榫，榫卯组合后从榫头尽端挤入，以达到类似燕尾榫的效果。

由于构件拼装的需要，任何一种类型的榫卯都必然在某一个特定方向上是缺乏约束的，早期的榫卯通常以加销钉的辅助方式来实现连接的稳固性。随着榫卯构造的发展，加销钉这种并不是非常理想的固定方式逐渐被淘汰，巧妙地代之以一定的施工拼装次序来解决。由于不同类型的榫头在拼装方向上的差异，采取不同的榫卯组合进行拼装就可以基本实现连接的稳固性。

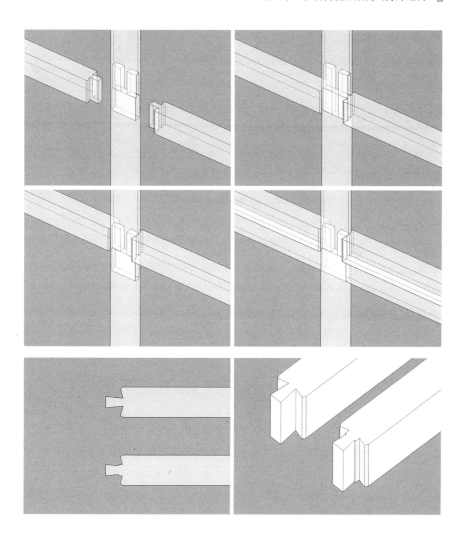

1. 图 8–5　穿斗构架进深梁燕尾榫的安装图示
2. 图 8–6　有无袖肩的燕尾榫比较

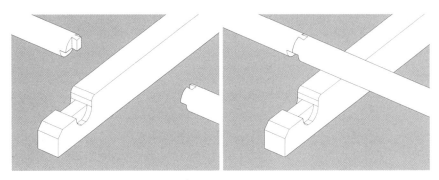

图 8-7　大梁与檩条榫卯图示

在穿斗构架中有一种做法，就是进深方向的梁采用燕尾榫，其下配合一件穿枋。这样安装时，可以由穿枋的卯口位置插入燕尾榫，向上扣入柱子上的燕尾榫卯口，然后再从一侧插入穿枋，填实柱子卯口，这样燕尾榫得以插入柱子，建立榫卯拉结关系。而简易的穿斗构架往往采取侧面打销钉的方式来形成榫卯拉结关系。为了让燕尾榫可以安装得更加紧密，还可以在榫面上收溜，也就是榫头上下两面一面大、一面小。这样在安装的时候，由小面扣入，越扣越紧，榫卯可以结合得非常紧密。由此可以发现，榫卯的类型与特定的拼装方式是直接联系的。除了这种拼装次序的技巧外，对重力的巧妙利用也是榫卯构造中必不可缺的一种约束方式。

在实际的木构架安装中，不同的榫卯通过组合可以转化或者取长补短，弥补单一榫卯的缺陷。例如，带袖肩的燕尾榫其实就是大头榫与直榫的一种组合，既不减弱榫卯的拉结力，也不会由于燕尾榫根部断面过小而被剪断。再比如，在抬梁式建筑的柱檩交结处，如果进深大梁上有鼻子，那么檩条榫卯下部就需要剔除一半。如果单独看檩条与檩条的连接，这是燕尾榫连接。如果把连接起来的檩条看作一整根，那么檩条和大梁的连接就是一种刻半榫，完全限制了檩条和大梁在水平面上的相对位移的可能。由此可见，不论榫卯式样如何多样，如何演变，其工作原理都无外乎上述的几种基本榫卯类型。

为了保证榫卯在实际构造中的有效性，需要根据木构件在结构中的作用和受力状况，选择合适的榫卯类型和尺寸，保证榫卯的结构能力与构件的结构作用相匹配。同时，还必须考察榫卯组合的严密程度，这不仅与榫卯的制作工艺相关，还与木材种类、气候条件有关。

当然，并非所有的榫卯都是结构性的，也存在一些构造性的榫卯。这类榫卯的目的不是为了结构传力，而只是起到稳定构件的作用，因此对其结构性能的要求也可以有所降低。

总体而言，榫卯构造是以木材的材料特性为依据，满足木结构受力、传力的需要，考虑到施工的因素，结合变形、组合、安装等手段，将各种不同的木构件连接成为一个完整的结构体。不过，中国传统的木构榫卯不是孤立发展的，榫卯的逻辑还需要通过特定的建造体系来表达。因此，讨论榫卯逻辑应当置身于具体的实践环境之中。

榫卯逻辑在遗产保护实践中的应用

榫卯逻辑是木结构榫卯的遗产价值核心，是透过具体的传统榫卯的"形"体现出来，是榫卯的"神"，这是"以形写神"。在文化遗产保护实践中，保护好现存的"形"是首要的，也是"最小干预、最大保留"的保护实践原则所要求的。但是文化遗产保护的目的不仅仅是遗产的"形"的保护，更为重要的是延续遗产的"神"。因此，在具体的保护实践中，在不得不对遗产进行干预的时候，可以超越具象的"形"的束缚，只要同样遵循遗产的"神"，"以形传神"，完全可以延续乃至强化遗产价值。相反，一味教条地模仿传统的"形"，孤立地对待榫卯形式，而不综合考虑材料特性和构造方式，最终却有可能损害遗产的核心价值。如果说"以形写神"是对传统的忠实，那么"以形传神"就是对传统的扬弃。

在沙溪的保护实践中，我们可以清晰地看到木构件榫卯在具体的建造环境中的优势与局限，以及施工方式上的难度。在很多情况下，需要维修的部位往往处于施工次序中最先或较先的部位，因为榫卯的存在，拆换

图 8-8、9 修复前后的欧阳祖宅大门对比

构件必须具备足够的退让空间。这种情况下，只有依靠对传统木构榫卯逻辑的深入理解，才能创造性地发展出适应文化遗产特定情境需要的榫卯形式。以下实例的情况不尽相同，解决方式也千差万别，但是都遵循了基本的榫卯逻辑，达到了因地制宜、灵活应对的保护目的。

不是"偷梁换柱"的"偷梁换柱"
——欧阳祖宅大门

欧阳祖宅大门是一个民居大门，由于家中出过贡生，社会地位高于平常百姓，大门也因此与众不同，格外的气派宏伟。整座大门两侧是敦实的土墙，局部外包石材和青砖，土墙之间是用于固定大门的木结构，屋顶一部分由土墙支托，一部分由木构架支撑。可惜的是，在经历了数次历史事件之后，一户大院变得支离破碎，只留下几家穷困潦倒的住户。大门许久无人关心，因此日渐衰败，屋顶倾圮，地面废土累积，立柱的柱根亦已糟朽，门槛不复存在，只留下了限位门槛、固定大门门轴的门墩石和立柱上安装门槛的卯口的些许痕迹。

维修这座大门的时候，如何修补柱根并恢复门槛是维修的几处重要难点之一。修补柱根并不困难，糟朽多少墩接多少即可。可是，如果需要同时安装门槛，情况就截然不同了。木立柱被两侧的土墙三面包住，木柱之间是木构架联系，水平方向丝毫没有移动的可能。顶部砖砌体表面有需要保护的壁画，而地面上保存着原有的两个门墩石，垂直方向的移动也被限制了。墩接立柱如果采用抄手榫的话，需要有竖直方向退让榫卯的空间。恢复门槛则需要有水平退让榫卯的操作空间。显然，墩接立柱与恢复门槛同时操作存在空间上的矛盾。

维修的第一种思路是依照建造的施工次序，可以轻松地化解操作空间上的矛盾，先将门槛安装到门墩石中，再安装立柱，这样门槛的榫头便可以插入立柱卯口。但是原状的木构架上部与两侧的土墙咬合在一起，上面还压着屋顶结构，如果按照正常的施工次序来修补立柱并恢复门槛，要么拆去两侧的土墙，提供水平方向的榫卯退让空间，要么拆分立柱上部的木结构，提供竖直向的退让空间，但无论怎样选择，都不可避免地要大量拆除原有的遗存。很明显，这些做法都不符合保护的实践原则。所以，局促的空间现实决定了墩接立柱与恢复门槛只能同时操作。

第二种思路是按照"偷梁换柱"的方式寻找可以退让榫卯的空间。"偷梁换柱"就是利用榫卯节点具有一定柔韧性的特点，通过牮杆支顶来提供退让柱顶榫卯的空间，以便抽换需要维修的木柱。由于门磕石的存在，向前、向后、向下都没有了退让的空间。像"偷梁换柱"那样支顶立柱提供退让榫卯空间的方案在这种情况下没有可操作性。这时，唯一的可能便是向两侧退让。从操作上看，如果门槛的安装或者门立柱的墩接同时进行，则必须改变其中一种的安装方式。由于门槛是一件完整的构件，没有其他变化的可能，因此可以改变的只能是墩接立柱的方式。

最后的方案依据抄手榫的榫卯逻辑加以分解，结合安装步骤，分步限制榫卯在平面方向上的位移。墩接立柱的榫卯最先是一个平榫，可以自由地在大门面阔方向滑动。在清理立柱内侧的部分土墙之后，先将墩接立柱推入土墙内，而不是立即就位，这样就留出了足够的空间来安装门槛。在门槛到位之后，再将立柱退回就位。这时，再从立柱的侧面添加一个银锭榫，限制墩接立柱在进深方向的移动，这样就完成了榫卯在平面二维方向上的位移限制，也化解了与门槛安装之间的矛盾。

传统的"偷梁换柱"是利用榫卯具有一定的柔韧性来提供退让榫卯的空间，而在这个实例中，现实条件决定了没有这种可能性，转而将需要的榫卯分解成两种榫卯，组合完成后又能还原成所需的榫卯，而分步操作的两种榫卯提供了退让榫卯的空间。这虽不是通常意义上的"偷梁换柱"，但同样依据木构榫卯的逻辑，在基本思路上无出二致。

相同的问题、不同的对策——兴教寺木柱墩接

兴教寺的大殿和二殿都是明永乐年间的遗构，历史上曾多次修缮，最近的一次是在20世纪90年代。限于当时的认识和技术，维修的策略和处理

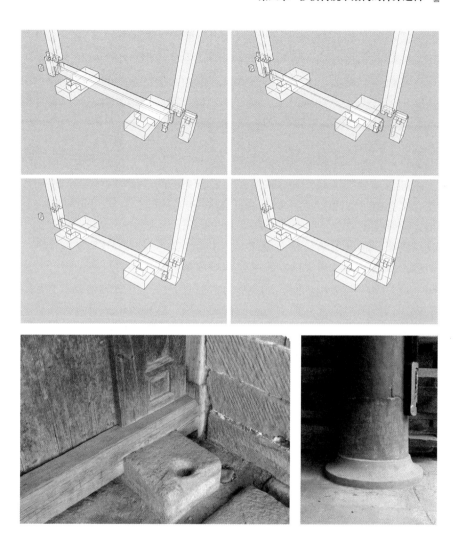

1. 图 8-10　柱根墩接图示
2. 图 8-11　柱根墩接后
3. 图 8-12　二殿檐柱墩接前

的方式都不尽如人意。比如，大殿和二殿的檐柱都因糟朽而墩接过，采用了同样的墩接方式，糟朽部分锯除后，直接使用略小于柱径的石料支顶，外粉水泥砂浆，上部与木柱表皮齐平，下用砂浆粉刷仿制柱础。由于墩接高度超过了350毫米，且墩接面平整，未作任何处理，难以保证檐柱在地震等意外情况下的稳定性。

毫无疑问，改为木柱墩接是最佳的解决方案。于是，二殿的檐柱使用了短木柱墩接来替换原先的石料墩接，最为关键的是增加墩接处的榫卯连接，加强柱子的整体性。但是由于檐柱直接朝外，视觉效果也不容轻视，而常用的木柱墩接榫卯（抄手榫）四面均布接缝，并不十分理想。这就需要一种新的墩接榫卯设计，使正面接缝尽量少，但是又能达到类似抄手榫的效果，用来限制水平二维方向的位移。经过反复的设计和推敲，最后使用的墩接榫卯，从外观上看似只有一个方向的约束，但是实际的榫卯效果可以起到两个方向的约束作用。这种改进最直接的好处就是正面的榫卯接缝只有一条水平线。不过，榫卯的加工过程会相对复杂一些，对工匠的技艺要求更高一些。

可是，当维修进行到大殿的时候，虽然面临的问题相同，却无法采用与二殿檐柱相同的墩接方式。大殿是重檐歇山顶，下檐其实是副阶周匝，结构上依附于殿身檐柱。而在殿身檐柱之间，保存着极为重要的16幅明代的壁画，是兴教寺文化遗产的重要组成部分。这些壁画的地仗仅仅是依靠柔弱的编竹结构，而编竹结构又固定在殿身檐柱上，些微的变形或震动都会影响壁画的安全。然而为了退让榫卯，墩接副阶檐柱的时候一定会撬动与之连接的乳栿，而后尾插入殿身檐柱的乳栿的可能会扰动殿身檐柱，这暂时的位移虽然不至于影响整体建筑结构的安全，但是对于殿身檐柱之间的壁画而言，这种扰动却可能是致命的。殿身檐柱的变化会直接引起编竹结构的变化，进而危及壁画地仗的稳定性，皮之不存，毛将焉附，壁画自然也就凶多吉少。因此，大殿的檐柱墩接无法采用与二殿檐柱相同的方法。

实施的方案因此没有改变原来的墩接方式，但是水平面缺乏约束的问题

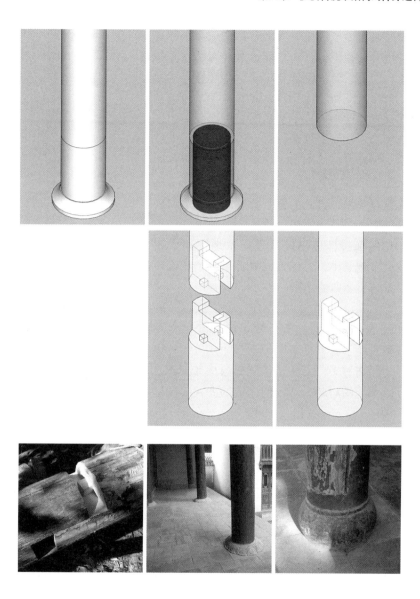

却不能回避。由于历史上大殿曾挪作他用，柱身上有各个时期留下的卯口，靠近墩接面的地方亦是如此。于是，保护设计利用了这些已经存在的卯口，来隐藏结构约束构件。我们选用了角钢，从相互垂直的水平方位上成组布置竖向的角钢，夹住墩接石料和被墩接的柱根，用带丝口的钢筋对穿固定，以此形成类似十字榫的作用，改善原来毫无约束的墩接平面。同时为了配合上部木柱暴露的肌理效果，重新粉刷了石柱表层的水泥砂浆，通过调色、表面质感处理来与上部木柱取得协调，角钢和拉杆也因此顺理成章地隐藏了起来。在这个例子中，虽然没有榫卯，但是我们还是依稀看到了榫卯的影子。

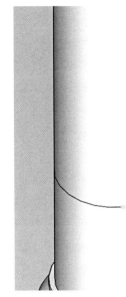

同样的问题，不同的位置，解决的方案截然不同，甚至改换了材料，不同于已有的任何一种榫卯。可是仔细想来，又遵循了同样的榫卯逻辑，只不过以不同的材料、不同的构造的方式表现出来，不同的"形"同样的"传神"。

合理的榫卯、不合理的位置
——兴教寺二殿檩条

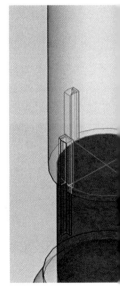

兴教寺二殿的檩条在历次维修中曾多次修补，不知是由于技术局限，还是由于资金不足，最终留下来的结果隐含着不合理的结构状态。如果不是挑顶维修，仅仅从下部勘察是很难发现的。二殿在修建时使用的檩条是整根通面阔的，后来由于糟朽的原因进行了局部的替补。虽然替补檩条时采用了燕尾榫的连接方式，但是连接的位置却没有严格对应间缝（相应的柱网轴线），有时随意

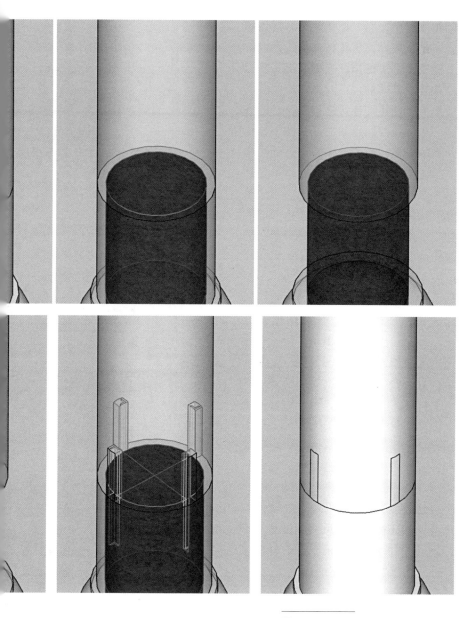

1. 图 8-17　二殿檐柱墩接图示
2. 图 8-18　二殿檐柱墩接过程
3. 图 8-19　二殿檐柱墩接前
4. 图 8-20　二殿檐柱墩接后

分布在跨中左右。檩条间的常规连接榫卯是燕尾榫，这种榫卯构造可以约束檩条水平向的位移，但是无法控制檩条竖直方向的位移。在对应间缝的情况下，燕尾榫连接檩条是合理的榫卯，可是在与间缝错位的情况下，檩条下的随檩枋就需要承担额外的结构负担，原本合理的榫卯也变得不合理了。尽管这种构造在短时间内不会出现结构问题，但是从整体的构件性能均一性来看，这里仍然是一个潜在的薄弱点。

从维修的角度来看，有两种常规的解决方案。一种是调整现有的檩条位置，更换长度不足的檩条，使所有的檩条连接位置都能与间缝对应。但是这种方案会导致相对大的更换量，对于遗产保护工程而言，遗产的价值也会因此而受到损害。另一种是采用现代材料，比如钢材或者碳纤维，辅助加强处于跨中的檩条连接点，增强檩条的连续性，减少对随檩枋的依赖。不过这种方案往往过犹不及，使得本来薄弱的连接点刚度反而超过其他部位，仍然会改变檩条通长度的材料均一性，形成另一种结构隐患。

1. 图 8-21　大殿檐柱墩接过程
2. 图 8-22　二殿檩条维修前
3. 图 8-23　燕尾榫改造前

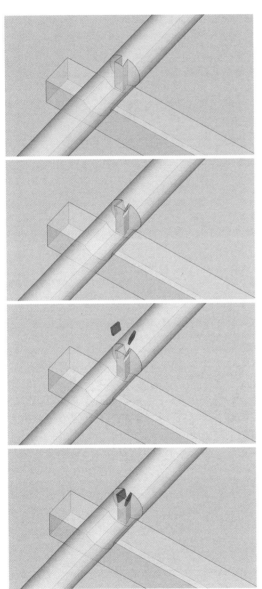

1. 图 8-24　二殿檩条结构补强图示
2. 图 8-25　燕尾榫改造过程
3. 图 8-26　燕尾榫改造后

通过仔细分析和研究燕尾榫，我们发现榫卯引起的问题仍然可以通过榫卯来解决，关键就在于控制燕尾榫竖直方向的移动。从燕尾榫的侧面加入销钉是一种可能，但是从材料性能和构造合理性的角度分析，这种方案并不理想。最后的解决方案是通过改造已有的燕尾榫，在竖直贯通的榫卯界面上增加斜插木楔，将其转化为竖直方向也具备燕尾榫的效果，以此阻止位移的趋势。不过，斜插木楔的方向还需要根据具体的檩条搭接关系和合理的结构传力路径来确定。

榫卯形成的是一种构造关系。这种构造关系正确与否，需要放入具体建造体系的关系中去分析，惯例的榫卯构造可能会因为位置的差别而变得不合理，貌似"写神"的"形"却可能无法"传神"，甚至是背道而驰。不过，不合理的榫卯也可以对症下药，依循榫卯的逻辑将其转化为合理的榫卯，让其再次"传神"。

榫卯逻辑浅议

榫卯是一种具体的形象，为了一定的结构构造功能而存在，而榫卯逻辑则是一种内在的秩序和原理，与材料的性能、构造方式，以及建造体系相关。路易斯·康曾经问砖喜欢什么，砖回答喜欢拱。如果我们以同样的问题问木材，我想木材一定会回答：喜欢榫卯。可以说，榫卯的逻辑不是创造出来的，而是木结构的一种本性，与生俱来。

"天有时，地有气，材有美，工有巧，合此四者然后可以为良。"这是中国古代技术传统中的最基本的造物原则和价值标准，用材考虑天时地利，加工过程不悖其本性，因地制宜，充分发挥材料的潜力。天时，地气，材美，工巧，这四者并非彼此独立，而是可以通过相互结合来扬长避短，以最佳的组合来最大化材料的功用。榫卯的形成与发展正是依循了同样的规则，为木材找到了最为精炼合理、实用美观的榫卯构造，为木结构建筑的发展提供了极为广阔的空间，创造出了世界上最为成熟和优美的木结构建筑体系。沙溪的建筑遗产作为中国传统木结构建筑的一个分支，也同样传承了榫卯的特色。

榫卯逻辑是"神"，不仅决定了榫卯形式的合理与否，也给榫卯形式的发展提供了无尽的可能；而榫卯的形态是"形"，是榫卯逻辑在具体的建造语境中形象化的结果。"神"决定了实际建造中的"形"的必然，"形"则从不同侧面表达了"神"的内涵。相对于"神"的基本稳定性，"形"则会在建造体系的发展中表现出持续的变异性。传统木结构建筑中的榫卯发展过程正是反复尝试，逐步揭示，不断趋向真实榫卯逻辑的过程。由此反观当下，保护实践也应当延续趋向真实的榫卯逻辑，顺应这种持续发展的规律。

榫卯是中国传统木结构建筑的核心，榫卯的逻辑因此也是传统木结构建筑真实性的核心，这也正是榫卯之于传统木结构建筑保护的意义。历史上的榫卯是逐步演进的，文化遗产保护中的榫卯也不能固步自封、因循守旧。在保护过程中，除了尽力保护原有的木结构榫卯之外，更为重要的是根据不同的材料、构造、结构体系状况，在维修中遵循榫卯的逻辑，实事求是地确定榫卯的形式，而未必局限于古制，这才能实现真正的保护，才能延续和强化传统木结构的真实性。所以，在沙溪传统木结构建筑的保护工作中，我们一方面保护遗存的榫卯，另一方面以榫卯的逻辑为依据创造性地利用和发展榫卯。从真实性的角度来看，榫卯的发展过程应该是一个"以形写神"的过程，也可能是一个"以形传神"的过程。

注：本文原载于建筑遗产[J]，2016，2；120-131；原文名为：从"以形写神"到"以形写神"——榫卯逻辑与沙溪传统本结构建筑保护实践。

第九章

Chapter 9

沙溪建遗杂记

云贵地区历史建筑遗产调查与测绘历来是学界较为重视的领域之一，丰富且生态系统多元的工匠营造体系，少数民族建筑与汉文化交融的乡村空间布局与生活仪礼，都深刻地吸引着建筑与历史研究学者不断深入实地、探索与研究中。其中，云南沙溪地区的历史乡村建筑与村落景观的价值尤为突出，伴随近年来的大众媒体宣传，已被学术界与大众广泛了解。黄印武等著名学者长期扎根于这个滇边小镇，通过引入更为系统而针对性的古建修复与对小镇整体风貌的控制，其经年累月的实践对保护沙溪乃至整个剑川地域工匠文化来说，具有不可替代的价值与贡献。

正因如此，深圳大学建筑与城市规划学院建筑历史与遗产中心将该地区的历史文化建筑与乡村复兴作为团队工作的重点之一。近年来，团队承担了建筑系本科的建筑测绘实习课程，本课程以培养学生古建筑测绘与调研能力为基本目标，深入调研、分析和整理当地传统建筑式样与构造素材，以古建筑保护性测绘与历史村落风貌修复为切入点，形成颇具特色的谱系研究框架与方法。已针对大理及其周边地区包括沙溪、喜洲、云龙在内诸多传统村落的地域民居、古建筑遗产、农村景观与基础设施，进行田野调查、影像资料收集与建筑测绘工作，并取得了较为深入的基础数据收集与理论研究成果。每逢暑期，历史研究中心团队教师与助教便会集中学院建筑系本科三年级学生，以数十人规模进行为期两周的测绘调研活动。测绘实习教师经过前期提前踩点，确定好大理周边各地区的具体地点和对象，将实习工作控制在短期活动力所能及却不失水准与深度的范围内，安排学生以4~5人协同为单位，落实定点测绘工作计划，全程跟踪并指导和推进各小组工作进展。

云南沙溪地区的测绘实习任务相对较为繁重，测绘项目种类也最多，包括中心区寺登街旁的寺庙、戏台、附属建筑以及周围坝子零散分布的典型民居建筑群，因此实习规模也相对较大。尤其是2019年暑期测绘团队进驻沙溪，规模达到四十余人，带队教师包括本书编著者王浩锋、肖靖以及研究中心的罗薇老师等，还有研究生助教团队3人。团队依托由黄印武老师提供的、15年前修复时所使用的图纸与草图以及较为晚近的卫星拍摄图像，结合往年深大建院业已完成的若干版测绘技术图纸，针对沙溪中心区域的兴教寺、古戏台、老马店及其附属建筑进行图纸整理与补充测绘。寺登街周边的这些历史建筑，除上述主体建筑之外，多数已被改造为商业店铺或客舍，沿街店面以咖啡、文创纪念品零售、餐饮为主。黄印武老师经年的历史建筑保护给这个僻静的乡村带来了国际声誉，也吸引着商业不断进入，季节宜人、游客云集的时节里，沙溪主街从来不乏国内外游客的身影，诸如先锋书店等文化品牌也随之而来。这些新鲜元素的进驻给沙溪带来了活力与商机，也给传统乡村营造与保护的范式提出新的挑战和诉求，古建田野调查与测绘工作进度也需要相应跟进，为深入研讨沙溪未来发展提供专业知识和基础资料。在这个过程中，学生在教师团队的指导下，针对传统民居庭院、宗教建筑与公共建筑等测绘对象进行系统的踏勘、拍照记录、手绘大样、电脑制图、三维扫描与数字建模等环节，内容丰富多元，呈现出沙溪地域建筑特色鲜明的谱系与建造理念。

在测绘活动中，团队另行调集十余名学生徒步至黑潓江对岸的华龙村等若干历史村落，集中测绘若干所院落民宅。这些民居建筑多数已被政府回收，院落处于亟待维修整饬的状态。沿着坝子望去，依山而建的村落布局秩序井然，层叠的道路不断延伸到山腰。村民利用为数不多的地坪，稍加平整后便得到几进院落的空间。宅门多偏于靠道路一侧，从街角转入进来，往往会有巷道引入到中央内庭。宅院多以两层屋架围合，北侧设正堂、厢房，二层为居室。靠路方向的底层则较多用作牛圈，面向庭院开敞，以利用地形高差及时排污；上层亦会设置住房和储物间，面向主路设有不算大的窗户，如此从主路看去，这些底层不设窗的民宅多少会有对外防御的意味。正房一侧设有厨房，再步行出去便是偏门，依靠山体整理出一定间隔，如此正房上、下层便获得了背面开窗，有利于采光和通风。院落间往往相互毗连，共享借用相互间的夯土隔墙。如此沿着主路一侧排开的民宅布局，一直引导着我们走向华龙村东头的寺庙，形成了隐性的公共空间主轴和序列。

在学生进行测绘的同时，助教团队也肩负特殊工作，要前往拍摄整个沙溪地区的魁星阁类型建筑，范围涉及沙登、长乐、北龙、福寿、四联、甸头等村，进行类型化、谱系式的认知与整理工作。魁星阁是整个坝子周边地区每个村落中较为突出的建筑物，其中不乏百年历史的遗构。从沙溪中心出发，沿着省道和蜿蜒的村路骑行，半小时通行圈内能覆盖7~8个大小不一、使用现状不同的魁星阁。这些建筑往往有高大的白墙围绕，主体建筑出檐深远，重檐屋顶之上建有歇山或角楼，上部建筑往往正间开敞，有些则悬挂有"文运深远""魁星高照"之类的匾额；山墙面或施木板，或砌画有纹样装饰的白墙，飞檐、斗栱、挑梁、出角等构件上通常画有"福寿"图形。历史岁月里个别楼阁年久失修，在有关部门支持下，经筹资赞助而得换新生。目前，在各村专人的管理维护下，魁星阁被改造为学校、卫生所、民宿等现代功能，可收容村民子弟假期读书，日常也对村民开放为公共文化休闲中心与培训空间，抑或对外出租而增加些许额外的收入。

沙溪所在的剑川县是具有悠久工匠传统的地区，剑川木匠体系也是云南传统民居建筑研究的重点。团队在调研测绘沙溪古建的同时，联系剑川与沙溪政府相关职能部门，得到包括县文物局、文管所与当地群众的大力支持，与大理大学建筑系保持紧密合作，通过采访具体参与文物与古籍保护事业的工作人员与工匠师傅，了解到剑川周边工匠体系的沿革与流变，从而获得翔实的一手资料。

入夜的沙溪是宁静祥和的。在民宿客舍的院子里，每当测绘团队挑灯在此研讨和优化当日成果时，沙溪的历史和当下就不断从技术图纸中涌现出来。这里的砖瓦、人物、宅院、树木、桥石，都是激励整个团队不断工作的动力，而关乎沙溪历史与传统民居建筑群的思考，对于相关参与实践的历史建筑保护工作者来说，未尝不是一段难得的因缘。

最后，我们要衷心感谢各方人士为本书出版提供的支持和帮助。感谢参与整理技术图纸的深圳大学建筑与城市规划学院的学生们，包括周少航、潘子威、杨俊毓、谢朝颖、徐志维、石俊杰、魏天琦、薛晴予、赖嘉辉等，以及在沙溪测绘期间担任助教的研究生周懿宇、欧阳震涛、刘妤妤等。感谢学院艾登老师在激光扫描点云数据编辑处理方面提供的帮助。

我们特别感谢为测绘工作提供便利的沙溪当地朋友们，包括沙溪副镇长张吉智，奥园集团奥云文化旅游有限公司的钟洪涛、郝光谱等。

中国建筑工业出版社编辑易娜女士对内容的专业要求和工作的严谨态度，是本书达到高质量出版标准的保障，对此我们深表感谢。